U0151409

每天3分钟学会数理化

366个故事培养孩子的理科思维

10~12月

[日]小森荣治 主编　肖潇 译

北京联合出版公司
Beijing United Publishing Co.,Ltd.
·
后浪

目录

10月故事

11月故事

目录

10 月故事

框架眼镜和隐形眼镜，哪一种看东西更清楚？

阅读日期（ 年 月 日）（ 年 月 日）（ 年 月 日）

通过对焦来看东西

框架眼镜和隐形眼镜都是看不清东西时用到的眼镜。那么，究竟哪一种看得更清楚呢？

我们看东西时，眼睛里有一个叫作“晶状体”的部位，可以像照相机的镜头一样收集来自外界的光，然后将这些光映在“视网膜”上，我们就能看清楚物体了。

在晶状体周围，有一个叫作“睫状体”的部位。睫状体伸缩会使晶状体变厚或者变薄。通过这样的方式，调节映在视网膜上的物体的焦距。

一旦晶状体不能被很好地调节厚度，就会变得无法对焦。导致的结果就是焦点形成在视网膜的前方，很难看清远处的东西，这就是我们通常所说的“近视”。与此相反，如果焦点形成在视网膜的后方，会很难看清近处的东西，严重者也看不清远处的东西，这就是我们通常所说的“远视”。

对焦时的眼睛

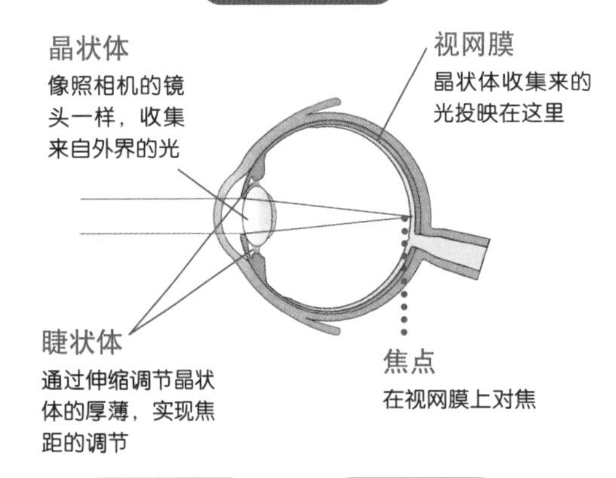

近视的眼睛

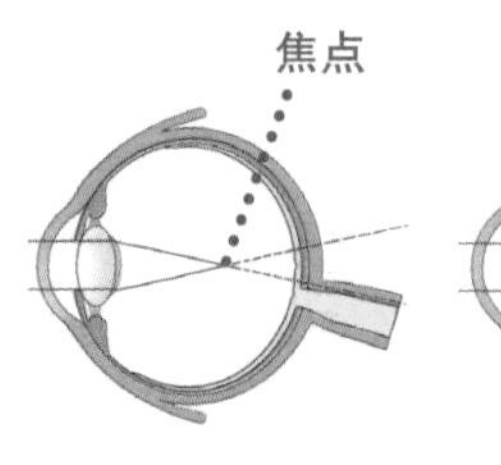

焦点形成于视网膜的前方，很难看清远处的物体

远视的眼镜

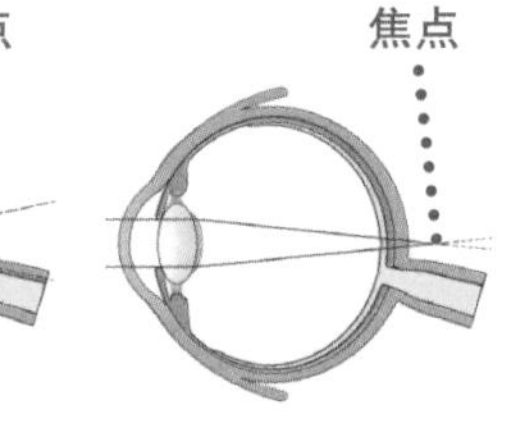

焦点形成于视网膜的后方，很难看清近处的物体

框架眼镜与隐形眼镜

由于框架眼镜与眼睛之间有一段距离，而隐形眼镜是直接接触眼睛的，所以它们看东西的方式是不一样的。

比如，我们用框架近视眼镜看东西时，看到的东西比实际要小，而用框架远视眼镜看东西时，看到的东西比实际要大。但如果戴隐形眼镜，我们看到的东西就是它的实际大小。

此外，就视觉范围来讲，隐形眼镜能看到的范围比框架眼镜更大，因此可以说，用隐形眼镜看东西可以看得更清楚。

但是，由于隐形眼镜戴起来比较麻烦，容易伤害眼睛，在使用时，需要遵照医生的诊断和建议。

要点在这里！

佩戴隐形眼镜能够基本看到物体的实际大小，能看到的范围也更广，因此可以说，用隐形眼镜看东西更清楚。

第305页问题答案 肌肉

小测验 位于人的眼睛里，像照相机的镜头一样收集来自外界的光的部位叫什么？

天王星是“躺着”旋转的！

阅读日期（　　年　　月　　日）（　　年　　月　　日）（　　年　　月　　日）

天王星是被撞到的？

太阳系的行星，在围绕太阳“公转”的同时，自身也会不停地“自转”。此外，每颗行星都以连接南极和北极的轴作为自转的轴心，与公转轨道面并不垂直，而是略有倾斜。大部分行星的轴心倾斜角度都在30°以内，但金星和天王星的倾斜角度非常大。金星的轴心倾斜角度约为177°，几乎是反着自转的（→p.362）。

与此同时，天王星的轴心倾斜角度约为89°。换句话说，天王星几乎是“横躺”着绕太阳运动的。目前的观点认为，天王星之所以是“横躺”着的，是因为它原本与其他行星一样，在一个倾斜角度很小的状态下自转，但是后来遭到巨大天体的撞击，就变成了现在这种“横躺”的状态。

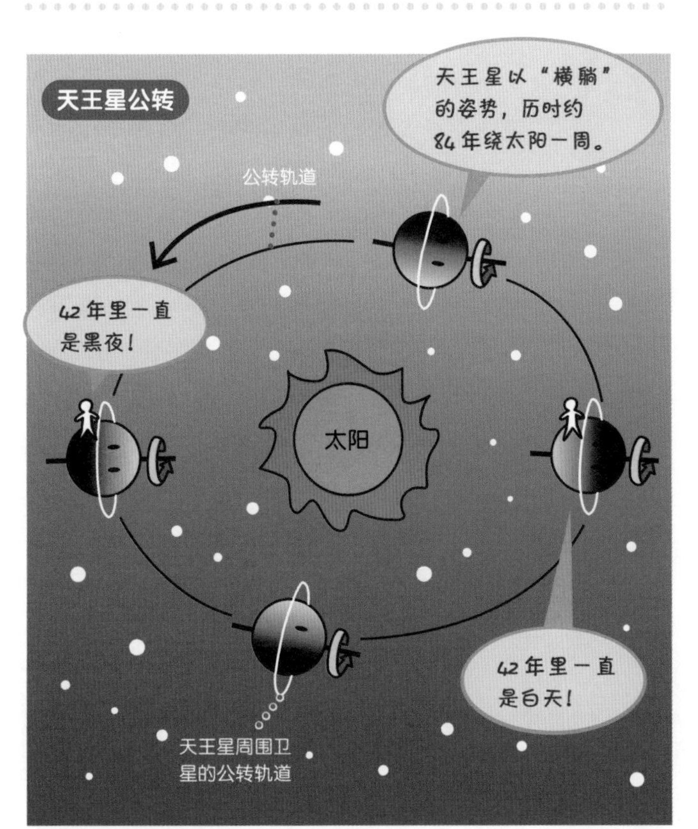

横过来的世界

由于天王星是以“横躺”的姿势绕太阳运动的，在天王星上，太阳的活动规律与地球上完全不同。

天王星绕太阳一周所需的时间约为84年，但是在天王星的南极和北极地区，有一半的时间，也就是差不多42年时间里会持续是白天，余下的42年则持续是黑夜。

要点在这里！

目前的观点认为，天王星由于遭到过巨大天体的撞击，才变成现在这种『横躺』的状态。

第310页问题答案　晶状体

小测验　天王星上连接南极和北极的轴，倾斜角度约为多少度？

火山灰都飘到了什么地方？

阅读日期（　　年　　月　　日）（　　年　　月　　日）（　　年　　月　　日）

随风飘散的火山灰

日本是一个拥有大量火山的国家。火山喷发时，会产生大量的“火山灰”。

火山灰是随火山喷发被喷出的、直径在2毫米以下的喷出物碎片。这些碎片非常小，而且很轻，可以随风飘到很远的地方。据说，虽然由于火山喷发的规模不同，火山灰能够飘落的距离也不同，但最少也能飘到30千米以外的地方。

火山灰飘落会弄脏建筑物和交通工具等。而且，火山灰一旦进入机器，还有可能引发机器故障。

最大的问题在于，火山灰会影响人体健康。遇到火山灰飘散时，人需要佩戴口罩或者用手帕遮掩口鼻，即使是晴天也要打伞，以此来避免火山灰进入人体。

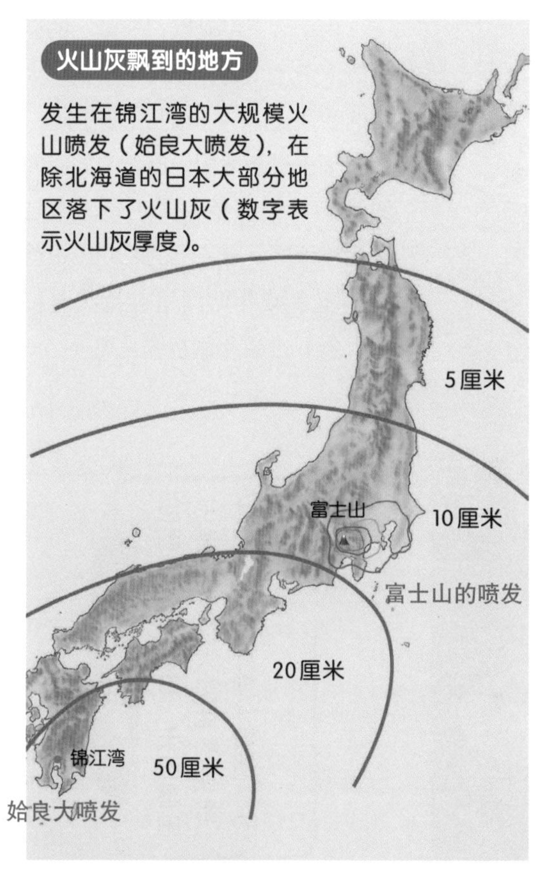

火山大规模喷发与火山灰

目前的研究表明，在很久以前，日本曾经发生过大规模的火山喷发，由此产生的火山灰覆盖了日本的大部分地区。

那是发生在距今约2.9万年前的事情。在现在的鹿儿岛县锦江湾北部地区，短时间内陆续发生了大规模的火山喷发（姶良大喷发），导致地下变成空壳，形成大片凹陷土地。

当时产生的火山灰数量巨大，飘落到了日本各地。据说，连关东地区都积起了厚度达10厘米的火山灰。

第311页问题答案　约89度

小测验　距今约2.9万年前的大喷发发生在现在日本的哪个县？

鸡蛋煮过之后为什么会变硬？

阅读日期（　　年　　月　　日）（　　年　　月　　日）（　　年　　月　　日）

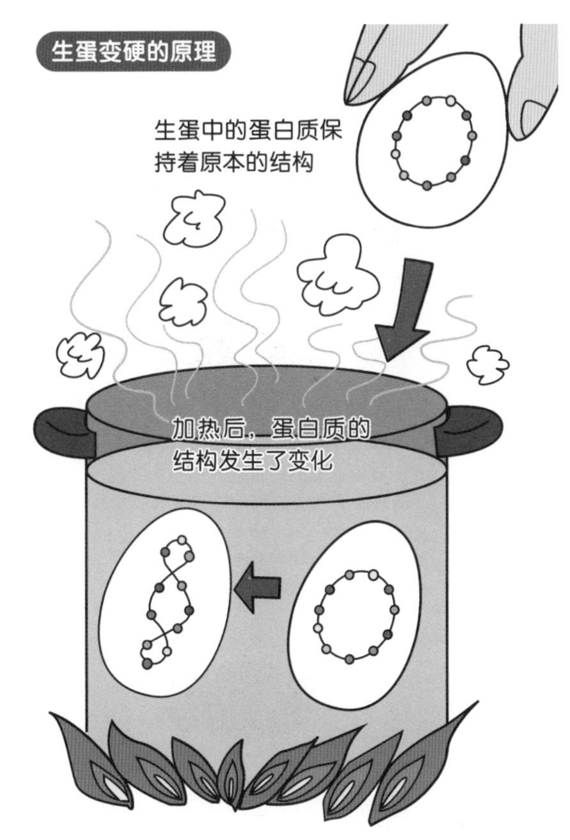

※ 蛋白质的结构图为想象图。

变硬的真相是什么？

大家昨天晚饭吃了什么？吃了烤肉的各位，请回忆一下肉烤熟之前是什么样子的。柔软的生肉在烤制的过程中是不是逐渐缩小变硬了？烤鱼也是一样。在被烤熟的过程中，鱼身逐渐变硬了。此外，鸡蛋也是一样，放在米饭上面的生鸡蛋原本十分柔软，但是在煮的过程中，就会慢慢变硬。

在肉类、鱼类、蛋类等通过煮或烤的过程会逐渐变硬的食物中，都含有一种叫作“蛋白质”的营养成分。蛋白质是制造肌肉、皮肤等生物体必需的重要物质。

蛋白质大多具有受热后变硬的性质。这是蛋白质的分子结构会在热力的作用下发生变化的缘故。蛋白质一旦发生变性，就无法恢复原状了。

蛋煮熟的过程

蛋中含有大量的蛋白质。因此，将生蛋直接放入热水中加热，蛋清和蛋黄部分都会变硬，变成一颗煮蛋。

但是，“温泉蛋”的蛋黄几乎已经变硬了，而蛋清部分却还是滑溜溜的黏稠状。这是由于蛋清部分的蛋白质在温度达到80℃左右时才会变硬，而蛋黄部分的蛋白质在温度达到65～70℃时就已经变硬了。换句话说，“温泉蛋”是在蛋黄已经变硬，但蛋清尚且柔软的状态下煮成的。

要点在这里！

蛋中含有的蛋白质加热后会变硬。

第312页问题答案 鹿儿岛县

小测验 蛋中哪部分的蛋白质在温度达到65℃～70℃时就变硬了？

卷甲虫为什么会缩成一团？

阅读日期（　　年　　月　　日）（　　年　　月　　日）（　　年　　月　　日）

缩成一团保全自身

在公园的石头或落叶下找一找，我们有可能看到卷甲虫的身影。摸一下卷甲虫，它就会将身体缩成一团，圆圆的像丸子一样。

这是一种在敌人面前保护自己的行为。卷甲虫一旦感知自己要遭到小鸟、蚂蚁、青蛙等的袭击，就会缩成一团，把头部和腹部藏在里面。这是因为卷甲虫的头部和腹部比较柔软，容易被敌人当成袭击的目标。这样缩成一团，让敌人只看到硬硬的、几乎无法食用的部位，然后静待敌人离去。

卷甲虫的身体是由一种叫作“节”的坚硬甲壳构成的，节与节之间有着薄而软的皮肤相连。通过这部分薄薄的皮肤的伸缩，卷甲虫才能缩成一团。

还有一种与卷甲虫非常相似的生物，叫作鼠妇。但是摸一下鼠妇，它并不会缩成一团。看上去鼠妇也比卷甲虫更加扁平一点。

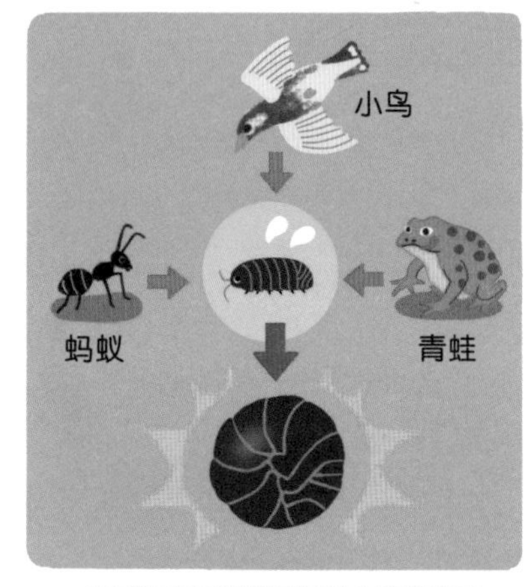

一旦感知自己要遭到其他生物的袭击，就会缩成一团，把头部和腹部藏在里面。

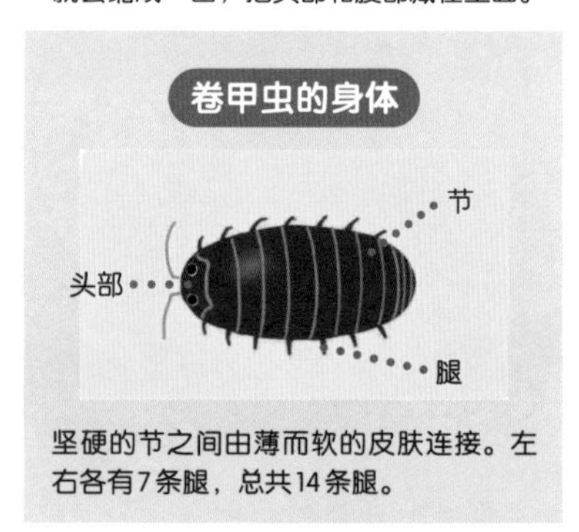

坚硬的节之间由薄而软的皮肤连接。左右各有7条腿，总共14条腿。

卷甲虫不是昆虫

虽然卷甲虫的名字里带有一个“虫”字，但是实际上，它并不是昆虫。昆虫的成虫通常有6条腿，而卷甲虫左右各有7条腿，总共有14条腿。

实际上，卷甲虫与虾和螃蟹一样，都属于“甲壳类”生物。在卷甲虫的日常生活中，也能找到它们属于甲壳类的证据。比如卷甲虫在爬行时，利用位于腿根部的袋子培育幼卵。而虾和螯虾也是在爬行的同时，利用位于腹部的短腿上的袋子培育幼卵。也就是说，它们都是带着卵行走的。

要点在这里！

卷甲虫为了在企图袭击自己的生物面前保全自身，会缩成一团，把头部和腹部藏在里面。

第313页问题答案　蛋黄

小测验　卷甲虫是昆虫吗？

日本也曾有过冰川！

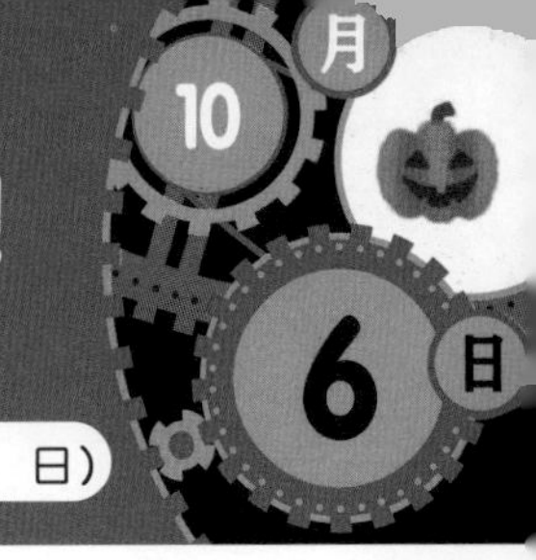

阅读日期（　　年　　月　　日）（　　年　　月　　日）（　　年　　月　　日）

地球 大地

缓慢移动的冰川

在接近高山山顶的地方，有时候冬季积累下的雪到了春天也不会融化。这种雪被称为“万年雪”。

在万年雪下方，由于新雪的累积和重压，雪会逐渐变硬，变成冰。这些冰逐渐变厚，会在自身重量的作用下像河流一样缓慢移动，这就是“冰川”。

冰川一边侵蚀周围的岩石，一边缓慢流动。地面因此被侵蚀，形成独具特色的地形。比如，被侵蚀成类似字母“U”的“U形谷”等。

日本也发现了冰川

目前的研究认为，日本在距今约1万年前，曾经有400多个冰川。但是，随着气候变化，这些冰川不断消融。据说，目前在日本已经没有冰川了。但是，位于富士县的立山连峰上存在大量的万年雪，因此，人们对其下方是否存在冰川进行调查，2012年得出的调查结果确认那里存在冰川。在立山连峰，目前关于冰川的调查仍在继续。

要点在这里！

冰川是位于万年雪下方的冰挤压变硬而形成的。

冰川的形成过程

第314页问题答案 不是

小测验 U形谷是由于什么的侵蚀作用形成的?

为什么有些东西不能靠近磁铁？

阅读日期（　　年　　月　　日）（　　年　　月　　日）（　　年　　月　　日）

生活中的磁铁

在我们身边，有很多地方用到了磁铁。其中既有像书包上的磁铁搭扣、黑板上的磁贴这样一眼就看得出是磁铁的物品，也有像玩具中的“马达”等凭肉眼观察不会注意到的物品。

那么，现在你去找家里的大人要一张银行卡，观察一下它的背面吧。你会发现银行卡上有一个黑色细长条（磁条），这个地方就有很多肉眼看不到的细小磁铁。

银行卡

使用专门的机器记录信息。信息利用磁铁粒子S极和N极的方向来表达。

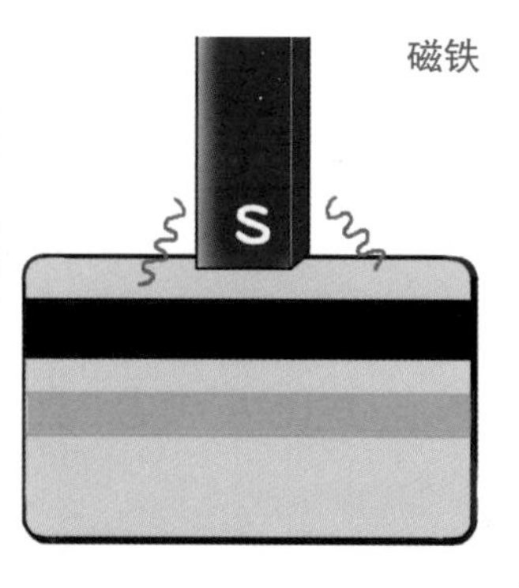

由于磁铁具有利用S极和N极吸引其他磁铁的性质，会使其他物体原来的磁极方向发生改变，导致信息被破坏。

改变S极和N极的方向

银行卡上的黑色长条是用来记录银行卡信息的。信息用S极和N极的方向(排列方式)来记录和表达。如果用强力磁铁接近这个地方，会发生什么呢？由于磁铁具有通过S极和N极吸引其他磁铁的性质，镶嵌在黑色长条上的小磁铁也会由于靠近它的磁铁而改变原来的磁极方向。这样一来，之前记录的信息就会被破坏。

镶嵌在物体表面的磁铁的磁力大小根据其具体用途而异。我们在通过自动检票机时使用的车票，其褐色部位也镶嵌了磁铁，不过，这种磁铁的磁力很弱。

但是，像银行卡这种需要记录重要信息且长时间使用的物品，使用的磁铁磁力较强。

尽管如此，银行卡一旦接触钕磁铁（→p.139）这样的强力磁铁，还是有可能破坏卡片上存储的信息。因此，必须要引起注意。

要点在这里！

银行卡里的信息是利用磁铁粒子S极和N极的方向来记录的。

第315页问题答案　冰川

小测验　银行卡背面的哪个位置用到了磁铁？

与成年人相比，小孩的骨头数量更多！

骨头紧密地贴合在一起

人体是由大量骨头支撑起来的。各种形状和大小的骨头从头到脚组合在一起，维持着我们的身体形态。

成年人全身约有206块骨头（之所以用“约”，是因为成年人的年龄不同，骨头数量也不一样）。

而婴儿却拥有约305块骨头。但是，随着生长发育，一部分曾经各自独立的骨头会紧密地结合在一起，导致骨头的总数逐渐减少。

以手为例，儿童的手指在较长的骨头之间还有较小的圆形骨头，而成年人只有较长的骨头。

这些圆形的骨头称为“骨骺核”，被一种叫作“骺软骨”的柔软的骨头包围。骺软骨逐渐生长，变成坚硬的骨头后，与其脱离开的较长的骨头会与骨骺核紧密地结合在一起，合为一体。

成年人的手部骨

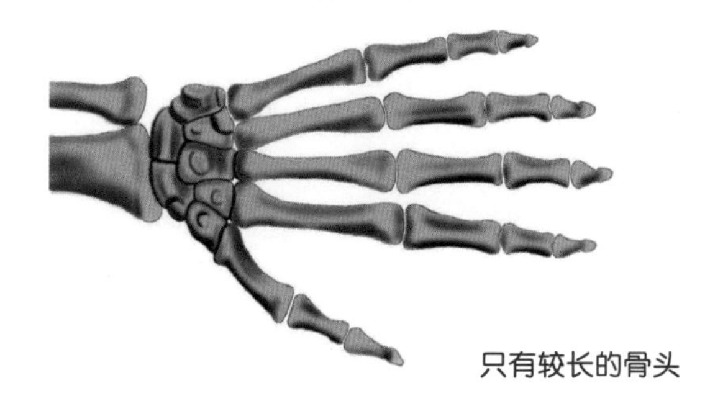

只有较长的骨头

儿童的手部骨骼

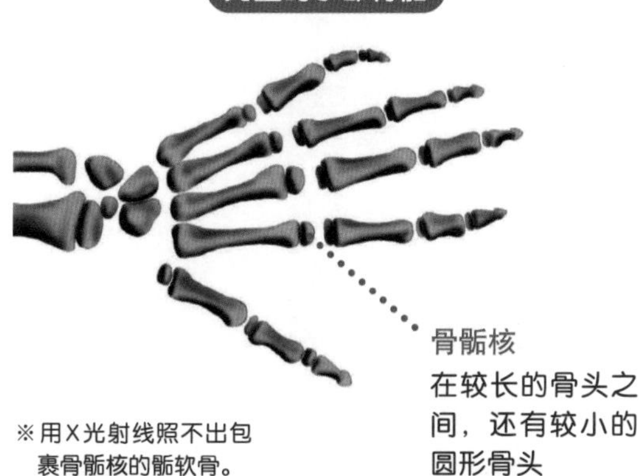

骨骺核
在较长的骨头之间，还有较小的圆形骨头

※用X光射线照不出包裹骨骺核的骺软骨。

为了骨头的生长

那么，骨头究竟是由什么构成的呢？

骨头是由一种叫作“胶原蛋白”的物质集结而成的纤维和一种叫作“磷酸钙”的物质结合而成的。

因此，处于成长发育期的小朋友应该从牛奶、海产品等食物中摄取充足的钙，这一点十分重要。此外，由于胶原蛋白是构成身体的“蛋白质”的一种，最好也充分摄取富含蛋白质的鱼、肉等食物。

要点在这里！

成年人全身约有206块骨头，而婴儿拥有约305块骨头。

第316页问题答案 磁条

小测验 成年人和婴儿，谁的骨头数量更多？

火山喷发能够被预测吗？

阅读日期（　　年　　月　　日）（　　年　　月　　日）（　　年　　月　　日）

能够进行短期内的预测吗？

日本是火山众多的国家，存在喷发可能性的火山多达110座。而且，其中有47座火山处于特别活跃的状态，喷发的可能性较高，受到常态化的监视和观测。

如果能够预测火山喷发，是不是住在火山附近的人就能够及时逃离，降低遭遇危险的可能性呢？

然而截至目前，尚且不能对火山喷发做出长期的、诸如“下月中旬有可能喷发”“今年夏天会发生火山喷发”的预测。但是，利用“地震仪”“倾斜仪”等工具进行持续观测，有时候也能在火山喷发前1～7天做出预测。

岩浆喷发（喷发前）

“岩浆喷发”有预兆，能够进行预测

预兆②
山体摇晃
利用地震仪，可以监测到岩浆在山体下移动，破坏岩石层时产生的轻微摇晃。

预兆①
山体膨胀
由于上升到地表的岩浆不断运动，山体会出现整体性膨胀，利用倾斜仪等工具可以监测到这种膨胀。

岩浆

地下水被岩浆加热后产生的“水蒸气喷发”没有上述预兆。

火山喷发的类型

火山喷发分为三个类型：第一种是位于地下的岩浆上升到地表进而喷出的“岩浆喷发”；第二种是岩浆直接接触地下水或海水，形成水蒸气后造成的“岩浆水蒸气喷发”。这两种喷发有若干预兆，能够进行预测。第三种是火山内部的地下水被岩浆加热，膨胀后发生的“水蒸气喷发”。据说，水蒸气喷发完全没有预兆，非常难预测。

不过，气象厅经常会发布关于火山的相关信息，让人们了解火山的变化。

要点在这里！

持续进行观测，有时能够在较短的时间里做出火山喷发的预测。

第317页问题答案　婴儿

小测验　在日本，有多少座存在喷发可能性的火山？

沉迷电子游戏会导致视力变差吗?

阅读日期(　　年　　月　　日)(　　年　　月　　日)(　　年　　月　　日)

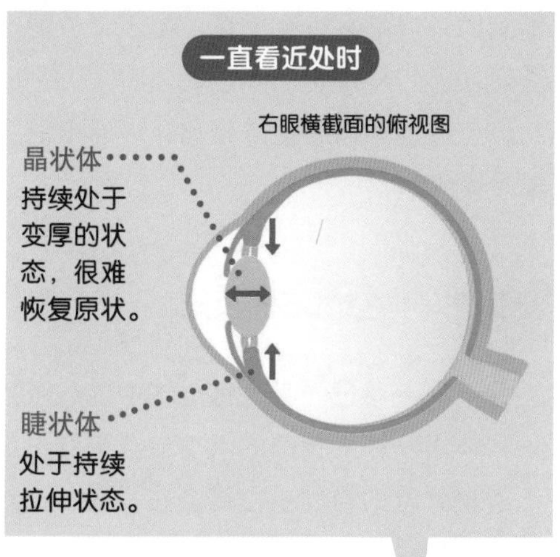

焦距调节变得越来越困难

你有没有过在家里不停地玩电子游戏，被家里人说“这样下去眼睛会变坏”的时候？

在玩电子游戏的时候，眼睛需要紧盯着屏幕，一直往近处看。

前面讲过，在看东西时，我们眼睛里的“睫状体”发生伸缩，使得类似于照相机镜头功能的“晶状体”发生厚薄变化，通过这种方式调节焦距（→p.310）。

但是，如果一直盯着近处看，睫状体会一直处于拉伸的状态，晶状体也一直处于变厚的状态，久而久之，就会变得很难恢复原状。

因此，在长时间玩电子游戏后再看远处，会发现视线变得模糊，很难看清楚了。

此外，在昏暗的房间里玩电子游戏，游戏机发出的光也会刺激眼睛，产生疲劳感。

防止眼睛疲劳的方法

那么，我们应该怎么做，才能防止眼睛疲劳呢？

最重要的还是眼睛不要距离屏幕太近，而且务必要注意玩游戏时的姿势。此外，玩游戏的时候，常常会忘记眨眼，导致眼睛变得干燥。要有意识地眨一眨眼睛，用眼泪滋润一下眼睛。经常停下来休息一会儿，看一看远处的景色也是一种好方法。还有非常重要的一点，就是预先定好玩游戏的时间，不要连续长时间玩游戏。

要点在这里！

在长时间玩电子游戏后再看远处，会觉得视线模糊，但这并不一定说明视力已经恶化了。

第318页问题答案 110座

小测验 一直盯着近处看，眼睛里的哪个部位会一直处于变厚的状态？

马拉松选手为什么选择在高原上训练？

阅读日期（　年　月　日）（　年　月　日）（　年　月　日）

较高的地方空气稀薄

你们知道马拉松选手要在海拔较高的地方（高原）进行训练吗？高原与我们平常生活的地方有什么不一样呢？

地球上所有的物体都受到来自地球中心的引力（重力）的作用。空气也在这种作用下被吸引到地面上。此外，虽然空气是肉眼看不到的，但是它也有重量，位于下方的空气受到位于上方的空气的挤压，密度会变大。因此，与接近地面的地方相比，高原上的空气较为稀薄。

当空气稀薄，身体活动所需的氧变少时，用于输送氧的红血球和血红蛋白的数量就会增加。

身体在稀薄空气下的反应

人通过呼吸，将空气中的氧吸入体内。进入肺部的氧与血液中红血球里含有的血红蛋白结合在一起。血红蛋白经由血管，向全身输送氧。这些氧最终会变成我们身体活动所需的能量（→p.191）。

但是，在高原上，由于空气稀薄，进行训练时，对于身体而言，氧的含量是不够的。这时，肺就会努力想要吸入更多的空气，身体也会为了摄入更多的氧而增加红血球和血红蛋白的数量。

也就是说，通过在高原训练，人体会变得能够吸收更多运动所需的氧，使运动能力得到提升。

要点在这里！

在高原上进行训练，能够使身体更容易吸收氧，从而提升运动能力。

第319页问题答案　晶状体

小测验　在血液中，能够输送氧的是什么？

为什么到了秋天，树叶会变黄或者变红？

10月12日

阅读日期（　　年　　月　　日）（　　年　　月　　日）（　　年　　月　　日）

生命 植物

叶子为什么会变黄

到了秋季，银杏叶会变黄，枫叶会变红，看起来非常漂亮。

我们都知道，叶子之所以会呈现出绿色，是因为叶子中存在一种叫作“叶绿素”的绿色物质。其实，叶绿素与一种叫作“类胡萝卜素”的黄色物质同时存在于叶片中，发挥着吸收太阳光、制造出养分的作用（光合作用）。到了秋季，由于太阳光变弱，不再进行光合作用的叶绿素会变得分散，数量也开始减少。这样一来，叶片上只留下类胡萝卜素，叶子也就变黄了。

在养分的作用下变成红色

另一方面，有些叶子之所以会变红，是因为其中含有一种叫作“花色素”的红色物质。在叶片上，有一个叫作“叶柄”的轴，叶片制造出的养分通过叶柄上的管道输送到树木的各个地方。此外，从根部吸收的水分也会通过这些管道输送到叶片上。但是，到了秋季，叶柄与树枝之间就会产生缝隙。这样一来，就导致叶片制造出来的养分无法输送给整棵树，而是积蓄在了叶片上。这些养分受到太阳光的照射，会产生红色的花色素，叶子也就变红了。

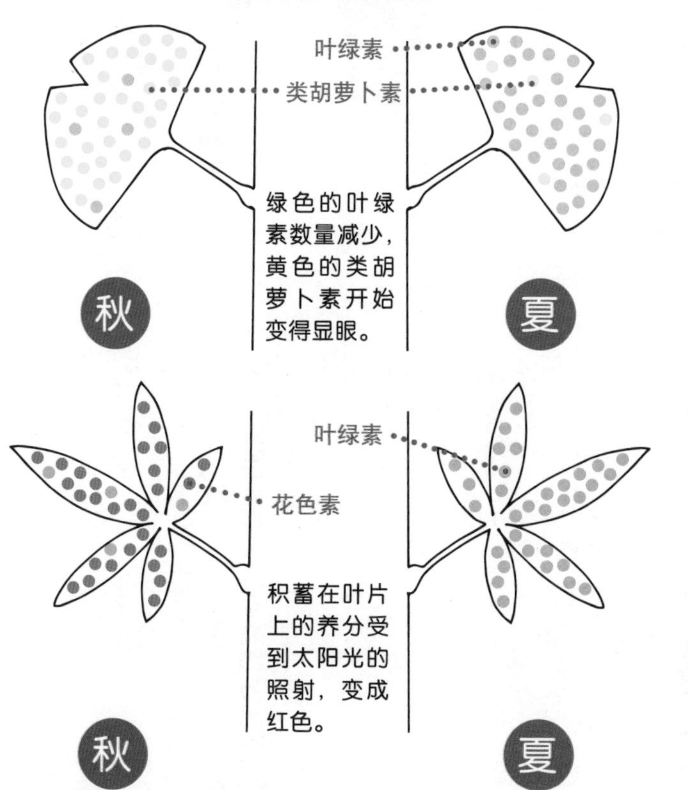

要点在这里！ 树叶由于色素的减少和变化而发生颜色的改变。

第320页问题答案 红血球（血红蛋白）

小测验　树叶之所以呈绿色，是因为具有什么色素？

被称为“弗洛里斯人”的矮小人种！

阅读日期（　　年　　月　　日）（　　年　　月　　日）（　　年　　月　　日）

身高约1米的人类

人类的祖先是生活在非洲大陆（→p.175），的“南方古猿”。他们逐渐进化成“能人”，离开非洲大陆，开始出现在亚欧大陆的各个地区。这其中，有一个分支叫作“弗洛里斯人”。他们因生活在距今10万～6万年前印度尼西亚的弗洛里斯岛而得名。

弗洛里斯人的身高只有1米左右。而人类的祖先南方古猿的身高约为1.3米，由此可见，弗洛里斯人的身材更为矮小。此外，弗洛里斯人的脑部大小与大猩猩基本相同。目前的观点认为，人类在进化的过程中，身体和脑的体积也在逐渐变大，但对弗洛里斯人的发现颠覆了这一认知。

弗洛里斯人还有一个令人惊叹的特点，那就是：他们跨越了“华莱士线”。华莱士线位于亚洲与大洋洲之间，是一条沿海峡的分界线。没有现代人的航海技术，生物几乎无法南迁到这条线的南边。但弗洛里斯人居然跨越了华莱士线，并定居在华莱士线以南的岛上，实在让人惊奇。

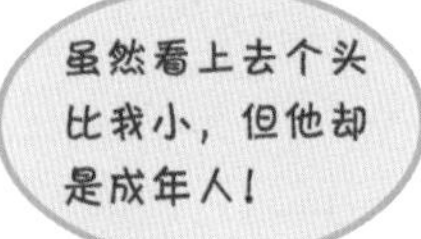

动物体形变小的岛

弗洛里斯人居住的弗洛里斯岛，作为动物“岛屿化”的发生地而为人们所知。所谓岛屿化，是指在孤立的岛屿上居住的过程中，动物的体积逐渐呈现巨大化或小型化趋势的现象。

有观点认为，弗洛里斯人是进入弗洛里斯岛的“能人”在岛屿上发生小型化变化后诞生的人种。

要点在这里！ 弗洛里斯人的身高约为1米。

第321页问题答案　叶绿素

小测验　弗洛里斯人脑部的大小与什么动物基本相同？

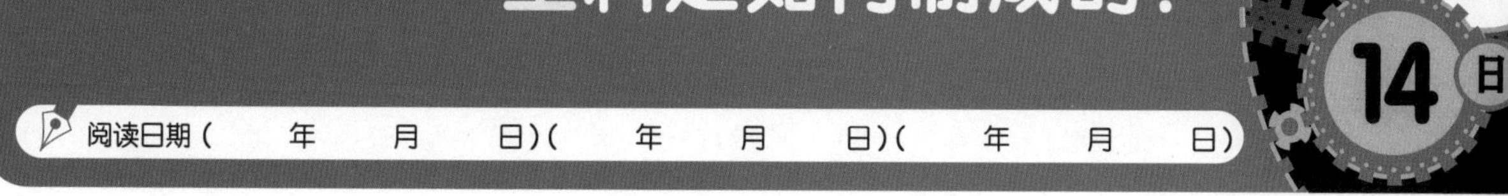

塑料是如何制成的？

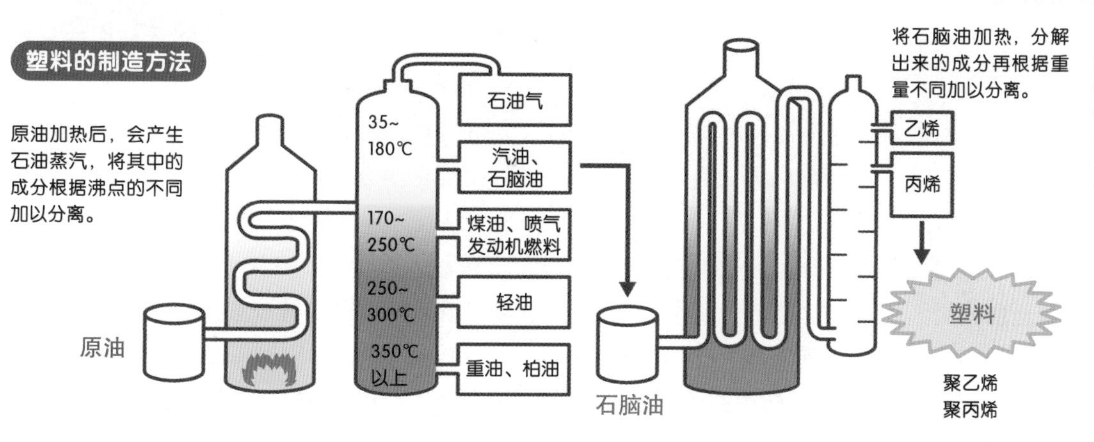

从石油中提炼而成

大家平时都会用到三角尺、橡皮和自动铅笔吧？这些东西的原材料全部用到了塑料。塑料是一种非常方便的原材料，能够被加工成各种形状的物品。

塑料有很多不同的种类，其中大部分是从石油中提炼而成的。首先，需要从地下开采出石油的基础材料“原油”。原油加热后，会分解成气体和若干种液体。“石脑油”就是其中的一种，是制造塑料的原料。将石脑油进一步加热，会分解成“乙烯”“丙烯”等气体，将这些成分大量聚合在一起，就制成了塑料。

观察我们周围的塑料制品，能够看到上面写着“聚乙烯”“聚丙烯”这样的名词。这些是表示塑料种类的名称。“聚”是“很多”的意思。换句话说，聚乙烯就是将大量的乙烯聚合在一起制造出来的塑料，而聚丙烯则是将大量丙烯聚合在一起制造出来的塑料。

塑料的回收再利用

利用石油制造出来的塑料具有不易腐败的特点，如果随意丢弃在山里或者海边，它们就会作为垃圾永不消失、污染环境。因此，塑料瓶和一次性容器如何回收再利用的相关工作就变得非常重要。

举例来讲，将塑料瓶粉碎后充分清洁，干燥后可以作为制作新的塑料制品的原材料加以利用。

第322页问题答案 大猩猩

小测验 一种从原油中分离出来的液体，可以作为制造塑料的原料，它是什么？

按太阳日计算，水星上的一天比一年还要长！

阅读日期（ 年 月 日）（ 年 月 日）（ 年 月 日）

“一年”与“一天”的长度

行星绕太阳一周（公转）所需的时间叫作“公转周期”，自身转一周（自转）所需的时间叫作“自转周期”。

对于大多数行星而言，是将公转周期作为这颗行星上的一年，自转周期作为这颗行星上的一天（被称为恒星日）。以地球为例，公转周期约为365天，自转周期约为24小时，因此，地球上的一年约有365天，而一天则约有24个小时。

另外，还有一种计算方法是将一天中太阳位于正南方的中天到下一次中天之间的时间视为完整的一天。与恒星日相对应，这种计算方法被称为太阳日。对于地球而言，恒星日和太阳日的一天长度基本相同，但是由于自转和公转周期的不同，有些行星上的一天特别长，其中典型的例子就是水星。

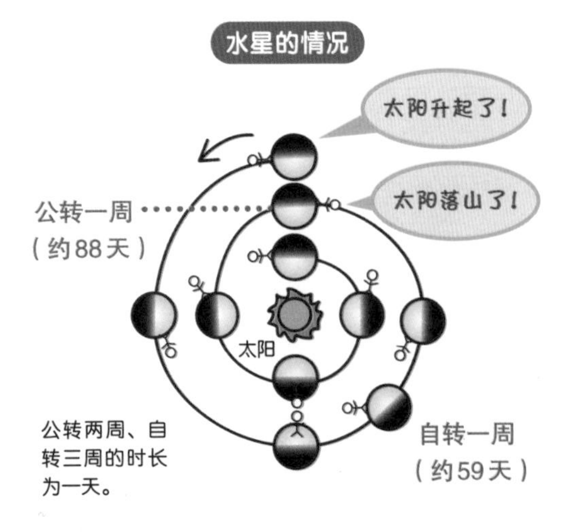

超级漫长的白天和黑夜

水星的自转周期约为59天，公转周期约为88天。其太阳位于正南方的中天到下一次中天的时间约为176天。也就是说，与作为一年长度的公转周期相比，水星上一天的长度反倒更长一些。

在水星耗时约88天公转时间里，会自转大概一周半。此时，在位于水星上的人看来，这88天里，太阳一直高高地挂在天上，也就是说，一直是白天。然后，在接下来公转一周的88天里，完全看不到太阳，一直处于黑夜。这样，直到下一次日出前，水星总共公转了2周，自转了3周，总共历时约176天。

要点在这里！

水星上一天的长度若按照太阳日来计算，白天和黑夜各约88天，合计约176天。

石脑油
第323页问题答案

小测验 行星绕太阳一周所需的时间叫作什么周期？

从内部施力和从外部施力，蛋的易碎程度不一样！

10 月 16 日

阅读日期（　　年　　月　　日）（　　年　　月　　日）（　　年　　月　　日）

生命 鸟类

神奇的蛋

我们做菜用到蛋的时候，会把蛋壳敲碎。敲碎蛋壳时，我们习惯性地将蛋在餐具的边缘等较硬的地方磕一下，以便磕出一道裂痕。但是，如果用的力气不够大，蛋壳上就不会出现裂痕。

蛋原本是孵化雏鸟的。并且，雏鸟必须在蛋里面发育到一定程度，然后凭借自己的力量破壳而出。凭借雏鸟小小的力量，居然能够击破连人类都要用力才能打破的蛋壳，这听起来似乎有些不可思议。这是什么原因呢？其实，想要打碎蛋壳时，从内部施力，所需的力远远小于从外部施力。

三层结构的蛋壳

蛋壳由外向内，按顺序分别由“蛋壳外膜”“卵壳”“卵壳膜”三层构成。位于最外层的蛋壳外膜是一层表面粗糙的薄膜，起到防止微生物入侵的作用。

蛋的外壳之所以强韧，原因就在于它的形状。蛋呈曲线形，由曲面构成，具有将施加于一点的力扩散到整体的特性（拱形结构）。此外，蛋不是正圆形，而是两端略尖的椭圆形，这样的形态使得力更加容易扩散，保护其不容易破碎。

而另一方面，构成卵壳的碳酸钙等物质的结晶的排列方式使其很容易被来自内部的力所击破。因此，即便是雏鸟柔弱的力气，也能从蛋壳的内部将其击破。

要点在这里！

虽然蛋的形状决定了它不容易被施加给外壳的力击破，但卵壳的结晶的排列方式导致其很容易从内部被击破。

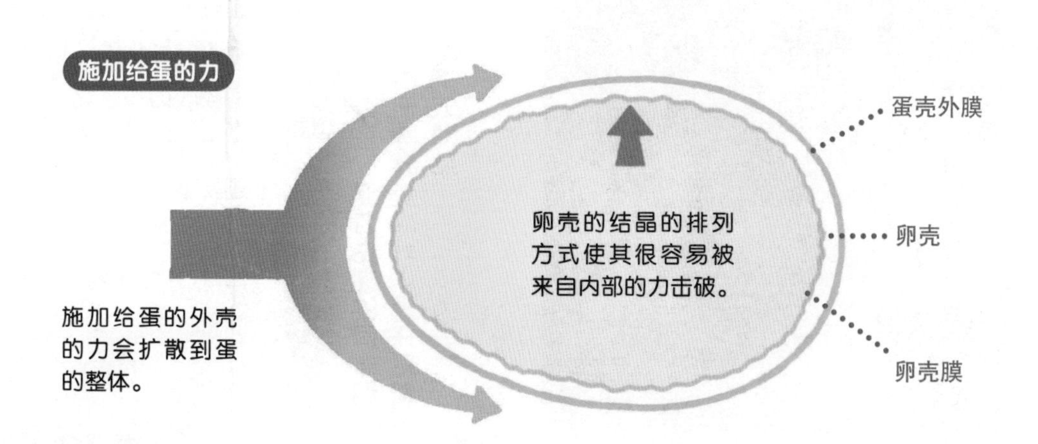

第324页问题答案 公转周期

小测验 蛋壳的结构分为三层，分别是蛋壳外膜、卵壳和什么？

10月17日

海里也会“下雪”？

阅读日期（ 年 月 日）（ 年 月 日）（ 年 月 日）

地球 海洋

海里的“雪”的真面目

一般来讲，雪花是从天上飘下的，但是在海里，有时也能看到白色的像雪一样的东西。这是一种叫作“海洋雪”的东西，它并不是天上的雪花飘落到海里，下沉到海底形成的。

海洋雪的真面目，其实是浮游生物（在水中漂浮的生物）等的尸体和粪便，以及来自陆地上的泥沙等集结在一起形成的硬块。它们漂浮在水中，看起来像雪一样。

防止温室效应

海洋雪在防止使地面气温上升的“温室效应”方面也发挥着一定的作用。

我们都知道，导致温室效应的一大原因，就是空气中的二氧化碳含量持续增加。而作为海洋雪来源的浮游植物漂浮在海面上时，能够进行光合作用（→p.281），吸收二氧化碳。据说，它们吸收的二氧化碳的量比人类呼出的二氧化碳总量还要多。

海洋雪会逐渐沉到海底，为深海生物提供能量。

要点在这里！ 在海里，浮游生物的尸体和粪便等会变成海洋雪并逐渐沉入海底。

第325页问题答案　卵壳膜

小测验 海洋雪的来源是漂浮在水中的什么东西？

“鬼压床”究竟是怎么回事？

10月18日

阅读日期（　　年　　月　　日）（　　年　　月　　日）（　　年　　月　　日）

发生在雷姆睡眠期

大家听说过“鬼压床”这种说法吗？所谓“鬼压床”，指的是在睡眠期间，虽然有意识但身体却动弹不得，也无法发出声音的现象。

据说，睡眠节奏被打乱是导致“鬼压床”的原因。

在雷姆睡眠期睁开眼睛，即使大脑下达了命令，身体也动弹不得，就会发生“鬼压床”的现象。

睡眠可以分为熟睡的“非雷姆睡眠期”和浅睡的“雷姆睡眠期”。非雷姆睡眠期是指大脑处于休息，而身体处于略微醒来的状态。雷姆睡眠期则是指身体处于休息，而大脑处于半睡半醒的状态。

我们在睡觉时，首先会进入非雷姆睡眠，然后雷姆睡眠和非雷姆睡眠会以约90分钟为一个周期交替出现。这是正常的睡眠节奏。

然而，有时由于某种原因，我们的大脑会在雷姆睡眠期醒来。此时处于只有大脑醒来的状态，因此无论大脑下达什么样的命令，身体都动弹不得。现在的观点认为，这就是“鬼压床”的真相。

如何防止出现“鬼压床”

那么，要怎样做才能防止出现“鬼压床”呢？

首先，要保证每天在相同的时间入睡。睡眠不足和睡眠时间过长都会打乱睡眠节奏。还有一点也非常重要，即要通过选择高度合适的枕头等来改善睡眠环境。另外，睡前不要让大脑处于兴奋状态，避免看电视或玩游戏等。

要点在这里！

睡眠节奏被打乱，只有大脑处于清醒状态时，即使大脑下达了命令，身体也动弹不得，就会发生『鬼压床』的现象。

小测验 我们平常睡觉时，是从哪个阶段入睡的，雷姆睡眠还是非雷姆睡眠？

第326页问题答案　浮游生物

日本为什么经常发生地震？

阅读日期（　年　月　日）（　年　月　日）（　年　月　日）

与板块运动有关

世界上，有几乎不会发生地震的国家，也有经常发生地震的国家。

日本就属于地震多发的国家之一。据说，在全世界发生的地震当中，有10%发生在日本。

之所以经常发生地震，与覆盖在地球表面的板块（→p.168）运动有很大的关系。地震的具体类型包括发生在板块交界处的地震和发生在板块内部的地震。

海洋板块在下沉到地球内部时，大陆板块也同时受到牵拉。此时，大陆板块会产生一种试图恢复原状的力。这样一来，在这种力的作用下，大陆板块会猛地向上弹起，以地震的形式传递到地表（“海沟型地震”）。

此外，由于海洋板块的运动，使得大陆板块内部蓄积了巨大的力，导致地下的岩盘崩裂，这种崩裂一旦传递到地表，也会发生地震（“内陆型地震”）（→p.276）。

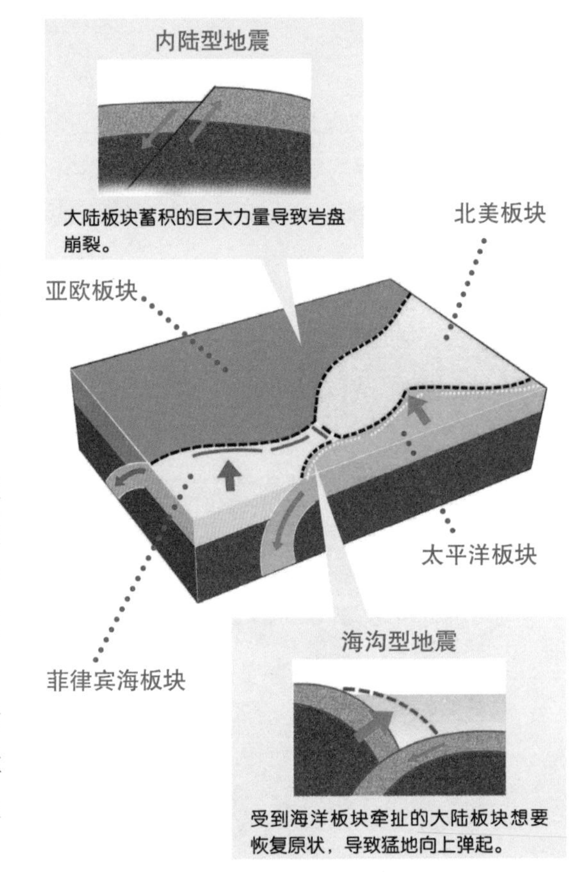

日本与四个板块

在日本列岛下方，聚集着四个能够产生上述地震的板块。

在日本列岛下方，有两个大陆板块，分别是北美板块和亚欧板块；还有两个海洋板块，分别是菲律宾海板块和太平洋板块。这些板块互相挤压、碰撞，导致下沉。因此，在四个板块复杂的力的作用下，日本的地震非常频繁。

要点在这里！

日本位于亚欧板块、北美板块、菲律宾海板块和太平洋板块四个板块的上方，因此，很容易发生地震。

第327页问题答案　非雷姆睡眠

小测验　在全世界发生的地震中，发生在日本的占比是多少？

金枪鱼睡觉的时候也在不断游动！

10月20日

阅读日期（　年　月　日）（　年　月　日）（　年　月　日）

生命 鱼类

普通的鱼

张开嘴吸入水，利用鳃吸收水中的氧。闭上嘴后，打开鳃盖，将不再含有氧的水向外排出。

金枪鱼

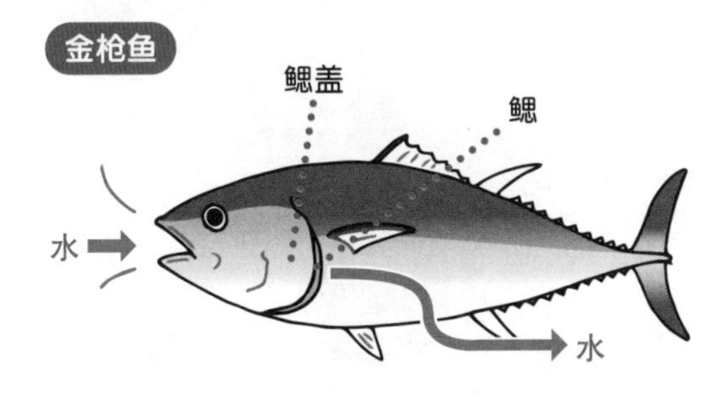

一直张开嘴游动，利用水的压力顶开鳃盖，从水中吸收氧。

要点在这里！

金枪鱼为了维持呼吸，在睡觉时也不停地游泳。

金枪鱼张着嘴游泳

大部分鱼是用鳃呼吸，向体内摄入氧的。鳃是位于鱼嘴部后方的呼吸器官。大多数鱼是先张开嘴将水吸入口中，然后利用鳃吸收水中的氧，之后闭上嘴打开鳃盖，将不再含有氧的水排出去。

我们看到鱼在水中嘴巴是一张一合的，就是因为它们通过像泵一样的鳃将水吸入、排出，来完成呼吸。

然而，在鱼类中，也有无法自行开合鳃盖的品种。金枪鱼就是其中的代表。

金枪鱼是通过游泳进行呼吸的。它一直保持着嘴部微张的状态游泳，利用从嘴部进入的水的压力将鳃盖顶开。

为了维持呼吸，金枪鱼只能一直游泳，即使在睡觉时，也必须游个不停。一旦停止游泳，金枪鱼就会因为缺氧而死亡。

金枪鱼能游很长的距离

金枪鱼生活在被称为“外海”的区域。与陆地沿岸的海域相比，在外海区域，寻觅到食物的机会少之又少。因此，为了找到其他鱼类和乌贼等食物，金枪鱼必须要游很远。

一般情况下，金枪鱼以每小时4～6千米的速度游动。但是，当发现食物时，它的背鳍、胸鳍、腹鳍会全部折叠起来，以80千米的时速全速前进。

第328页问题答案　10%

小测验　金枪鱼生活在海里的哪个区域？

为什么日落时间会随季节发生变化？

阅读日期（　　年　　月　　日）（　　年　　月　　日）（　　年　　月　　日）

地球是倾斜着转动的

在很多国家，一年之中有春、夏、秋、冬四个季节。夏天的日落时间较晚，冬天的日落时间较早。这是为什么呢？

首先，让我们来想一想季节的形成方式。

地球以南北极的连线所形成的“地轴”为中心旋转，这叫作地球的“自转”。

这根地轴是稍有倾斜的。并且，如图所示，地球就这样倾斜着绕着太阳运动。其绕太阳一周所需的时间约为365天，这叫作地球的“公转”。

由于倾斜着运动，在地球表面，一年中各个时期所接受的太阳光照射情况是存在差异的。

当太阳高度较高时，天气会变热。这是因为太阳的高度越高，地面上相同面积所能接收到的太阳光越多。这就是夏季。与此相反，太阳高度较低时，天气会变冷。这就是冬季。而春季和秋季居于夏、冬之间。

进行公转的地球

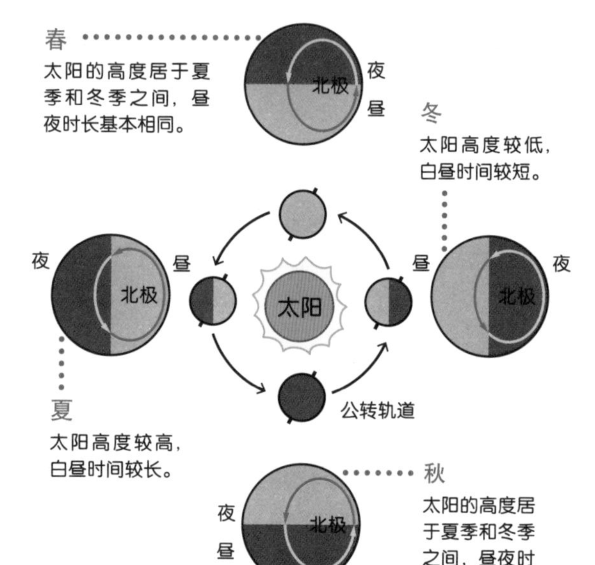

昼夜长短的变化

太阳的高度一旦发生改变，昼夜的长短也会随之变化。

在太阳高度较高的夏季，昼长夜短。换句话说，就是夏季的日落时间较晚，白昼时间较长。而在太阳高度较低的冬季，夜长昼短，日落时间较早，白昼时间较短。春季和秋季的昼夜时长基本相同。

要点在这里！

地球的地轴相对于其公转轨道面是倾斜的，因此，太阳的高度和白昼的时长随着时间不同而存在差异。日落的时间也不断发生变化。

第329页问题答案 外海

小测验 地球自转时的轴叫什么？

降落伞上有一个小孔！

阅读日期（　年　月　日）（　年　月　日）（　年　月　日）

降落伞的原理

降落伞上有小孔的情况

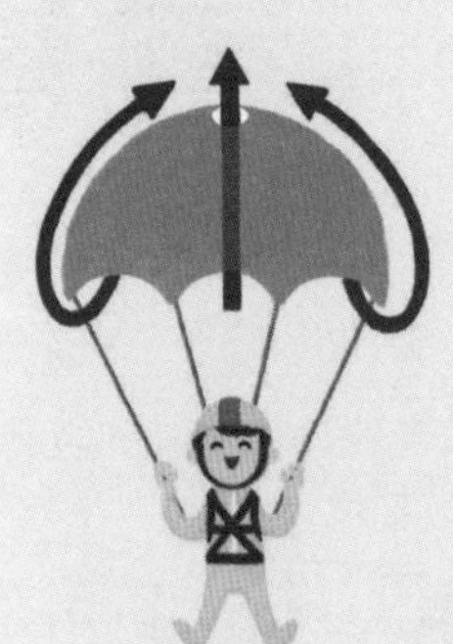

一部分空气从小孔笔直地排出。→稳定下落。

降落伞上没有小孔的情况

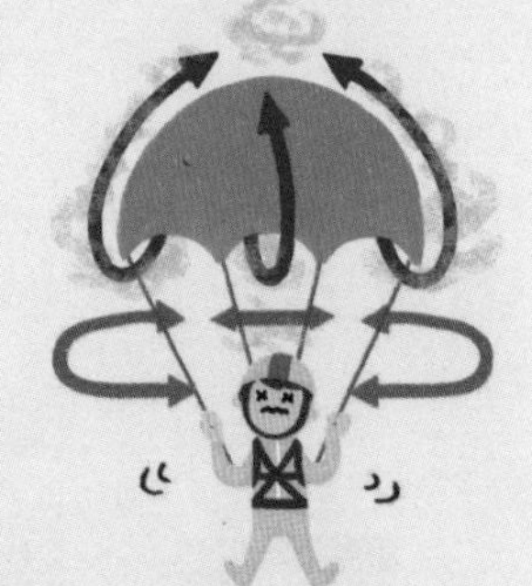

积聚起来的空气会从降落伞边缘各处向外流动。→发生倾斜或左右摇摆，非常危险。

利用空气的力降低速度

利用降落伞，可以从高处缓慢、安全地降落到地面上。这是降落伞打开后，会遇到向上流动的风（气流），使其下降速度变慢的缘故。

并且，当向下落的力和空气向上挤压的力刚好处于平衡状态，降落伞就会徐徐下落。

让积聚起来的空气溜走的小孔

那么，接触降落伞的空气后来又去了哪里呢？如果没有留出可以让空气溜走的路，空气就会从降落伞的边缘各处向外流动，导致我们无法控制气流，甚至有可能在降落伞上方出现气流的碰撞和旋涡。这样一来，降落伞就有可能在气流的作用下发生倾斜或左右摇摆，情况会非常危险。

为此，人们在降落伞的顶部设计了一个小孔。让积聚在伞下的空气可以沿着这条通道笔直地向上排出，以此来保证降落伞的稳定运动。

要点在这里！

积聚在降落伞下方的空气通过小孔排出，以实现安全降落。

第330页问题答案 地轴

小测验 什么东西与降落伞发生碰撞，会导致下降速度变慢？

动物和植物也能用来发电！

阅读日期（　年　月　日）（　年　月　日）（　年　月　日）

什么叫作生物质能发电

世界上应用最为广泛的发电方法是“火力发电”。这是一种通过燃烧煤炭或石油等燃料，利用燃烧产生的力驱动发电机运转的方法。

但是，火力发电在从地下挖掘燃料，以及燃料燃烧时都会产生大量的二氧化碳。大气中的二氧化碳含量一旦增加，就会导致地球的平均气温上升，出现“温室效应”（→p.259）。

因此，最近“生物质能发电”引起了人们的关注。生物质能发电所用到的燃料是从动物或植物等生物体中提炼出来的。

举例来讲，生物质能发电可以利用家畜的粪便、尿液、没有用的木材和木屑，甚至甘蔗和玉米等农作物作为原料。把这些原料加工成粉末状并进行压缩，制成小型的固体燃料（木质薄片或木质圆柱体等），再将其点燃，就能够发电了。

不会增加二氧化碳含量

生物质能发电在燃烧的过程中也会产生二氧化碳。但是，因为其主要燃料是植物，植物在生长过程中会吸收大气中的二氧化碳。因此，即使燃烧了植物，也只是让此前植物所吸收的二氧化碳重新回到了大气中，从整体来看，二氧化碳的量并没有增加或减少。

此外，与煤炭和石油这种不可再生资源不同，植物是可以持续生长的，不会出现能源枯竭的情况。所以，生物质能发电也被称为“可再生能源”。

要点在这里！

『生物质能发电』能够从动物和植物等中提取一些物质作为燃料发电。

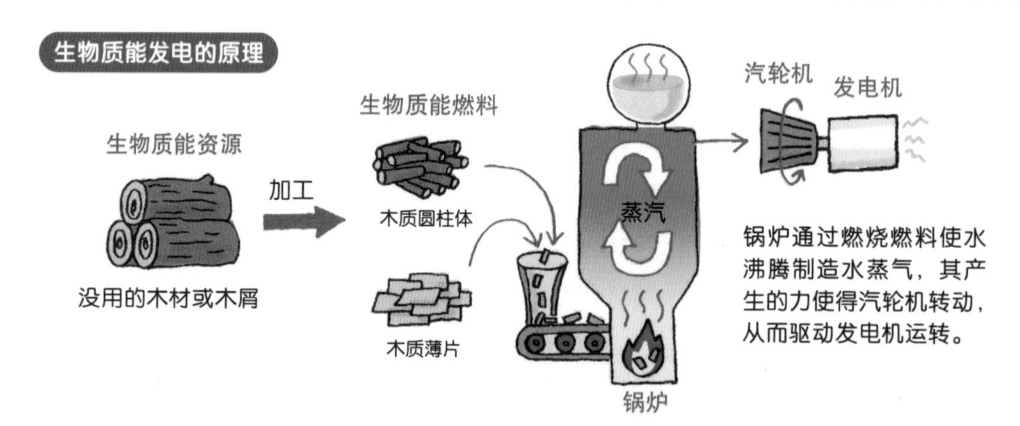

空气
第331页问题答案

小测验　“生物质能发电”从什么中提取物质作为燃料？

有的蛇和蜥蜴能在空中飞！

阅读日期（　　年　　月　　日）（　　年　　月　　日）（　　年　　月　　日）

天堂金花蛇

平时的状态

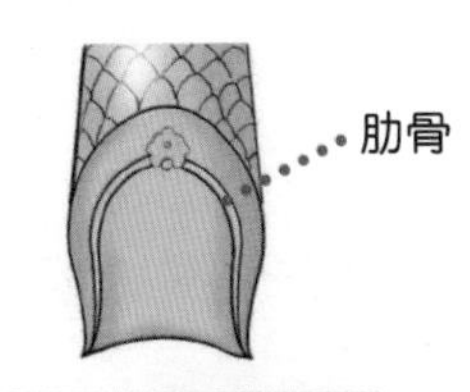

在空中飞行时

肋骨横向舒展开，使身体变得扁平，从而使腹部的下方接触更多的空气，在空中飞。

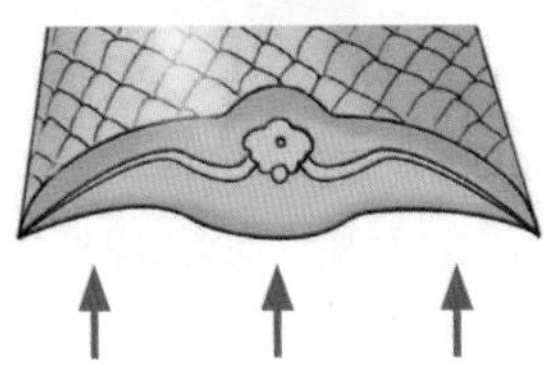

飞蜥

平时的状态

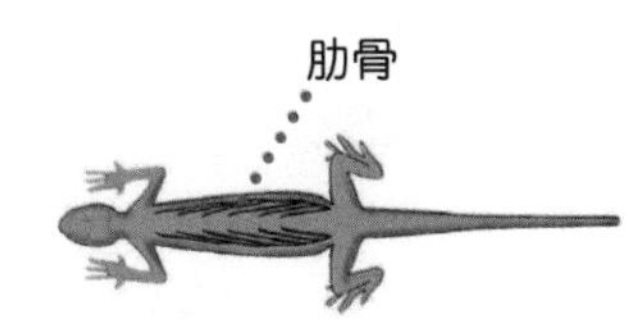

在空中飞行时

将肋骨展开，将翼膜作为翅膀飞行。

在天上飞的蛇

在非洲和东南亚地区炎热的热带雨林中，生长着大量高大的树木，也生活着很多在树木之间移动时不需要爬上爬下，而是直接飞来飞去的动物。

生活在东南亚地区森林里的天堂金花蛇，便是其中之一。飞行时，它身体上的肋骨会横向舒展开，使身体变得扁平。这样，腹部下方就能接触更多的空气，从而飞到很远的地方。如果从较高的树木上起飞，它甚至可以持续飞行1000米。

在天上飞的蜥蜴

同样生活在东南亚地区森林里的飞蜥，肋骨的末端很长，骨骼之间有翼膜。翼膜平时叠在一起。但是，一旦感知到来自敌人的威胁，必须快速躲避时，飞蜥就会将肋骨展开，将翼膜作为翅膀来飞行。它一次能够飞行30米左右。

此外，有一种叫作褶虎的动物，虽然不能往天上飞，但是可以使用叠在一起的皮肤，利用空气的力从高高的树上飞下来。

还有一种叫作飞蛙的青蛙，能够张开蹼足，用与褶虎一样的方式落地。这两种动物也生活在东南亚等有大量高大树木的热带雨林之中。

要点在这里！

在热带雨林中，生活着通过展开肋骨改变身体形状在空中飞行的蛇和蜥蜴。

第332页问题答案
动物和植物等

小测验　飞蜥使用哪里的骨头实现空中飞行？

眼虫让飞机飞起来！

阅读日期（　　年　　月　　日）（　　年　　月　　日）（　　年　　月　　日）

我们的生活燃料

我们日常使用的石油，是生活中不可或缺的燃料。

沉到海底或湖底的生物尸体，被不断堆积的泥沙挤压，再经过地下的热量加热，从而形成了石油。

但是，这样产生的石油，数量十分有限，目前的观点认为，石油资源总有一天会枯竭。

因此，我们有必要寻找可以代替石油的能源。

利用微生物制作的燃料

目前引起人们关注的，是利用微生物制造出来的能源。有一种栖息在水中，叫作眼虫的微生物，能够像植物一样进行光合作用（→p.281）。并且，眼虫在通过光合作用制造养分的同时，也会制造出油。现在，科学家们正在进行将这种油作为飞机等的喷气式燃料的相关研究。

像眼虫这样，从微生物和植物中提取出来的燃料叫作“生物燃料”。虽然石油的数量有限，但如果有生物燃料，就不必担心石油资源枯竭。此外，生物燃料在进行光合作用时会吸收二氧化碳，从而更让这种对环境友好的资源备受期待。

眼虫

二氧化碳

太阳光

水

氧

油

眼虫利用太阳光，从水和二氧化碳中制造养分（进行光合作用）时，会同时制造出油。

有观点认为，眼虫利用光合作用制造出来的油，可以作为驱动飞机等的燃料加以利用。

要点在这里！

人们期待眼虫通过光合作用制造出来的油，能够作为驱动飞机等的燃料。

肋骨 第333页问题答案

小测验 像植物一样进行光合作用，能够制造出飞机燃料的微生物叫什么？

所谓的原子能，指的是什么？

10月26日

阅读日期（　　年　　月　　日）（　　年　　月　　日）（　　年　　月　　日）

物体的性质　物体的构造

原子也是粒子的集合

人们曾经认为，我们身边的所有物品分解之后，最终都会变成无法进一步分解的“原子”（→p.76）。但是，随着科学的进步，人们发现，原子也是由更为细小的粒子组成的。

现在人们了解到，原子是由“质子”和“中子”结合在一起组成的“原子核”，以及在其周围运动的“核外电子”构成的。

原子核释放出的能量

在原子中，有一些含有大量质子和中子的原子核。并且，这些原子核结合得并不十分稳定，有些会分裂成若干个。原子核一旦出现“核裂变”，就会产生巨大的能量，并以“热量”和会对人体产生一定影响的“放射线”的形式释放出来。这种能量就是“原子能”。

原子能发电（核能发电）是利用核裂变产生的热量给水加温，再通过产生的水蒸气发电。虽然发电的原理与火力发电相同，但原子能发电（核能发电）所需的材料比较容易获得，而且在发电过程中不会产生二氧化碳。需要注意的是，对于伴随热量产生的放射线，一定要妥善处理。

原子能发电（核能发电）的原理

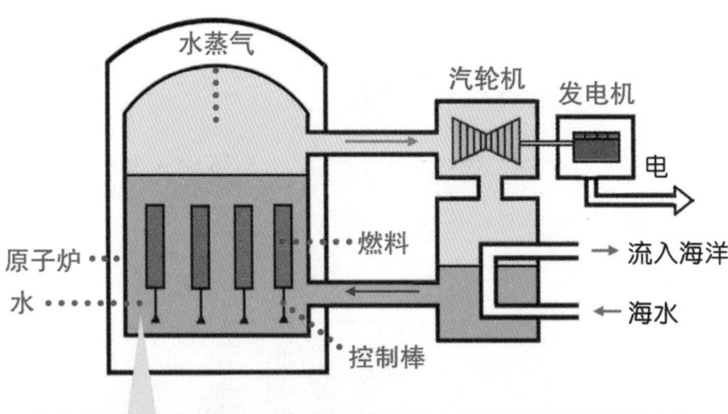

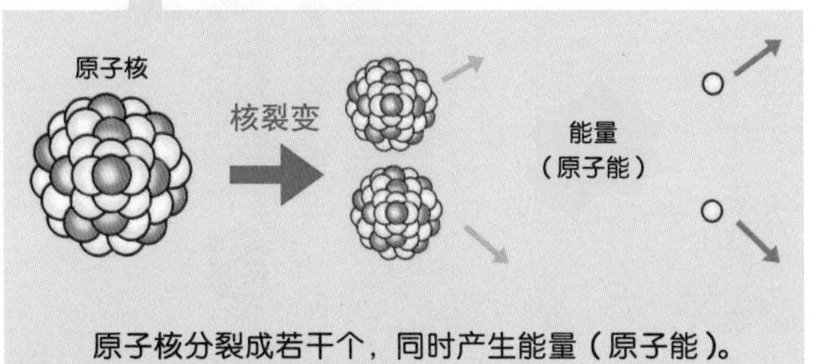

原子核分裂成若干个，同时产生能量（原子能）。

要点在这里！

原子核分裂时，会释放出巨大的能量。

小测验　原子核是由什么构成的？

第334页问题答案　眼虫

伤口为什么会结痂?

阅读日期（　年　月　日）（　年　月　日）（　年　月　日）

结痂的过程

膝盖擦破后，血管会破裂出血。但是，如果是小伤口，血能够自行止住，并形成干巴巴的血痂。那么，血痂是如何形成的呢?

出血之所以能够止住，是血液中一种叫作“血小板”的成分（→p.191）聚集在伤口处的缘故。聚集起来的血小板会制造出一个叫作血栓的盖子，来防止血液继续向外流出。

但是，只是这样做并不稳定。于是，血液中的“血浆纤维蛋白原”会变成像细丝一样的“血纤维蛋白”，织成网状覆盖在血小板上。同时，血液中的“红血球”（→p.191）会进一步加固这层网状物质。这样一来，就最终形成了痂。

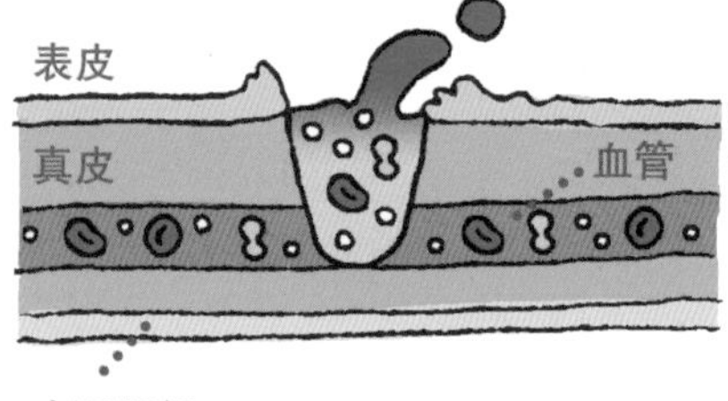

①血管破裂出血。

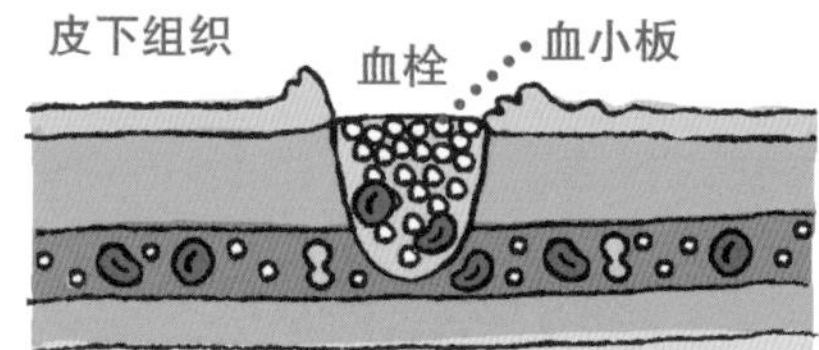

②血小板聚集在伤口处，制造出一个叫作血栓的盖子。

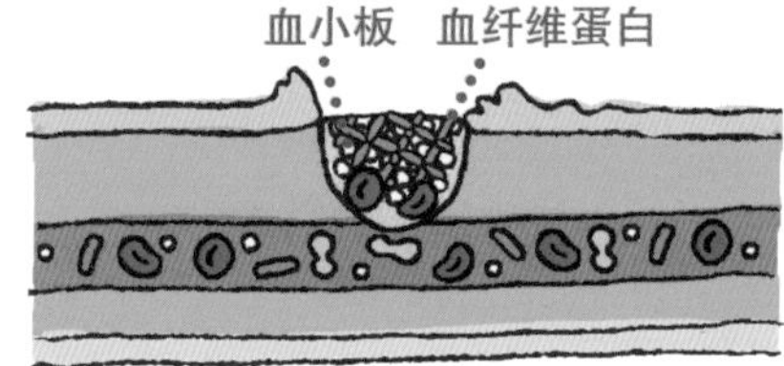

③血浆纤维蛋白原变成像细丝一样的血纤维蛋白，织成网状覆盖在血小板上。

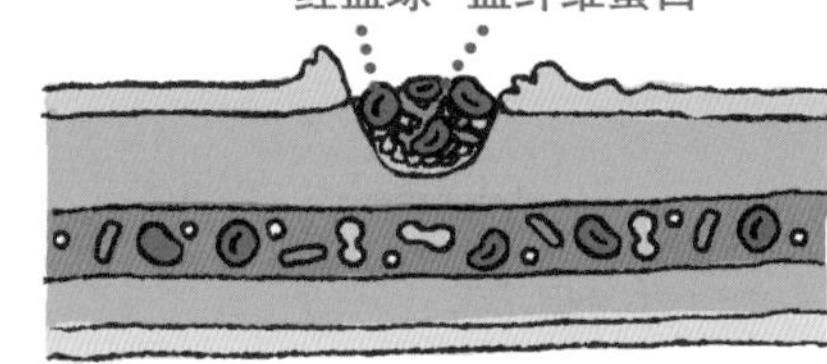

④红血球进一步对由血纤维蛋白织成的网进行加固。

感觉痒也要忍耐一下

时间一长，结痂的地方和它周围会变得痒痒的。这意味着结痂的地方正在逐渐自我修复。据说，因为在修复过程中刺激到了感知痒的神经，人才会觉得有些痒。

有时，人们感觉结痂的地方实在太痒了，会忍不住把痂揭掉。但是，正如前面所讲到的，痂像个盖子一样，对伤口起到了保护作用。如果强行把它揭下来，好不容易到了修复阶段的伤口就又会被撕开。这样会导致霉菌侵入或者留下伤疤，因此，千万不要把痂揭下来。

要点在这里!

血痂是血管破裂时，为防止血液继续外流而形成的血栓盖子。

第335页问题答案　质子和中子

小测验　出血时，首先聚集在伤口处的是血液中的哪一种成分?

蜘蛛为什么不会被自己吐出的丝粘住?

10月28日

阅读日期(　　年　　月　　日)(　　年　　月　　日)(　　年　　月　　日)

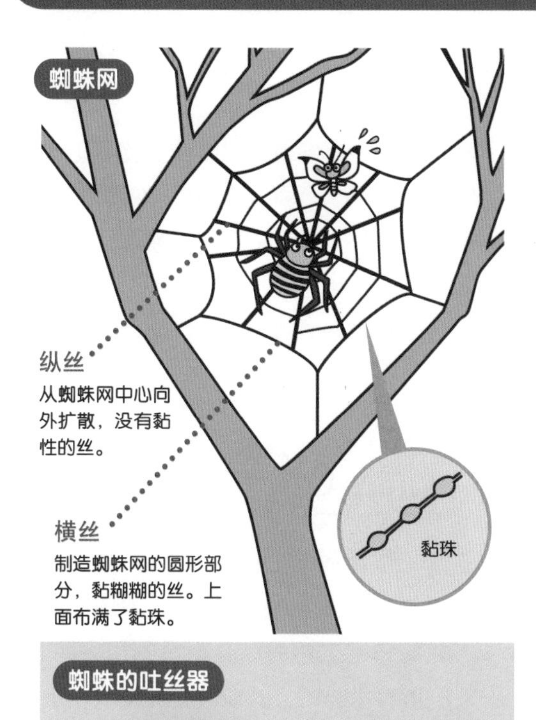

蜘蛛的吐丝器

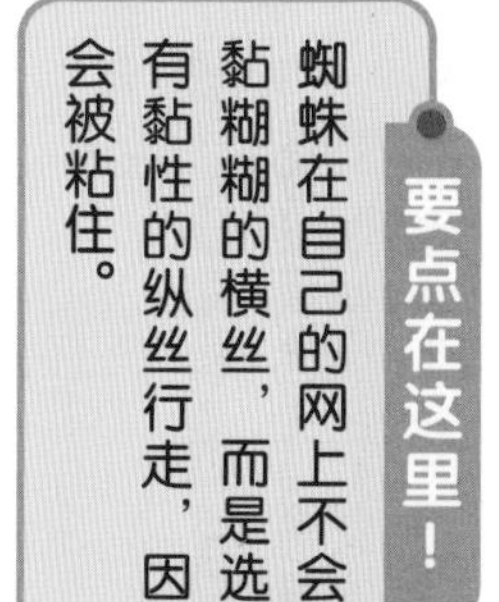

在蜘蛛丝上漫步而不被粘住

大家一定见过蜘蛛网吧？蜘蛛网能够捕获蝴蝶等昆虫。昆虫被黏糊糊的蜘蛛网粘住后动弹不得，蜘蛛会用丝再把这些猎物缠上几圈。

但神奇的是，蜘蛛从不会被自己的蜘蛛网粘住。这究竟是为什么呢？

其中最主要的原因就在于蜘蛛网的构造。蜘蛛网由两种类型的丝构成，包括制造蜘蛛网的圆形的"横丝"和从中心出发向外扩展的"纵丝"，其中，黏糊糊的是横丝，而纵丝则不黏。

也就是说，如果能只在纵丝上行走，蜘蛛就不用担心自己被粘住。

据说，即便偶尔爬到了黏糊糊的横丝上，由于蜘蛛脚上有像油一样的物质，也可以防止黏液粘在脚上。

黏糊糊的蛛丝的秘密

那么，蜘蛛丝（横丝）为什么会黏糊糊的呢？

蜘蛛是利用位于腹部末端一个叫作"吐丝器"的凸出部位吐丝的。蜘蛛会正常吐出纵丝，而吐横丝时，则会吐出一种被"黏液"包裹的丝。黏液逐渐聚集在蜘蛛丝上，最终变成了球形。这就是"黏珠"。横丝上布满了黏珠，所以会变得黏糊糊的。

要点在这里！

蜘蛛在自己的网上不会去走黏糊糊的横丝，而是选择没有黏性的纵丝行走，因此不会被粘住。

生命 虫类

第336页问题答案 皿小板

小测验 在蜘蛛网上，没有黏性的丝是哪一种？

黏合剂为什么能把东西粘在一起？

阅读日期（　　年　　月　　日）（　　年　　月　　日）（　　年　　月　　日）

黏合剂的三种工作原理

我们在工作时，为了将东西粘在一起，会用到糨糊或者胶水。这些黏合剂根据工作原理不同分为三种类型。

在物体表面，存在许多肉眼看不到的凹凸部分。而在物体上涂抹黏合剂后，黏合剂会进入这些凹凸之处并且固化，利用这种方式把东西黏合在一起。这是第一种类型，我们称其为“固着效果”。

第二种类型是将黏合剂涂抹在物体上时，通过使黏合剂的分子（→p.76）和被黏合物的分子之间产生化学反应来进行黏合。

第三种是利用分子互相接近时产生的相互作用力实现黏合。这种力被称为“范德瓦尔斯力”。

黏合原理的三种类型

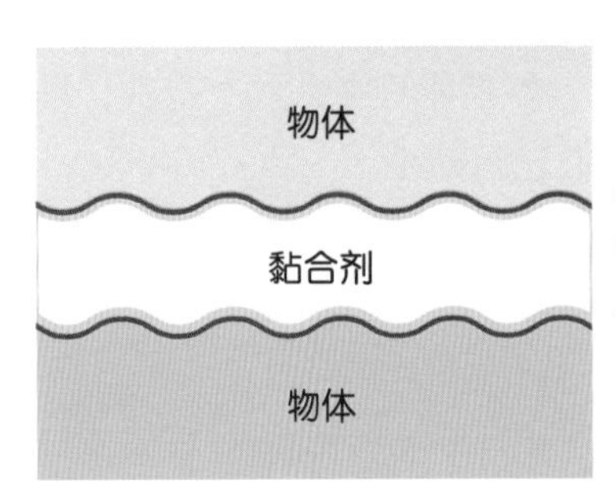

利用固着效果

黏合剂进入物体细小的凹凸之中，并且在其中固化。

物体的分子　物体

黏合剂的分子　黏合剂

利用化学反应

物体的分子与黏合剂的分子之间发生化学反应实现黏合。

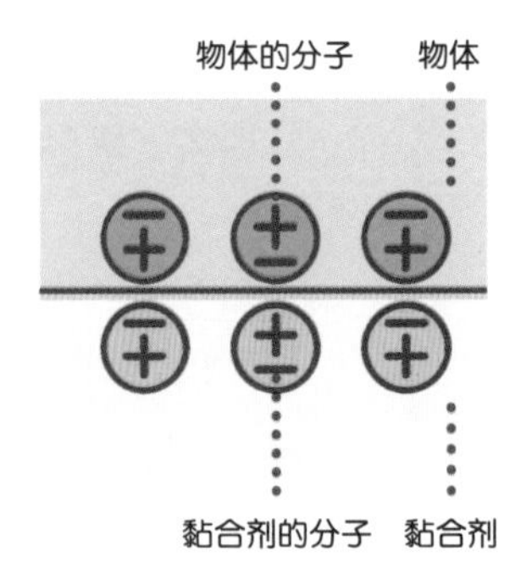

利用分子间的作用力

利用分子间的作用力实现黏合。

固化方式多种多样

黏合剂是通过固化实现黏合的，固化的方式也较为多样。举例来讲，糨糊和木工用的黏合剂是利用去除其中所含水分的方式实现固化的。

瞬间黏合剂会与存在于空气中和物体表面的极少量的水分发生反应，从而实现固化。除此之外，一次性黏合剂是通过加热使其熔化，然后冷却的方式实现固化的。

第337页问题答案
纵丝

小测验　黏合剂通过进入物体细小的凹凸之中，将物体黏合起来的效果叫什么？

海豚利用超声波寻找食物！

阅读日期（　　年　　月　　日）（　　年　　月　　日）（　　年　　月　　日）

分别使用两种不同类型的声音

在海豚生活的水中，太阳光很难射入，并且容易出现浑浊，是一个用肉眼很难看清远处的世界。

虽然用眼睛看会受阻，但是声音却能在水中很好地进行传播。因此，海豚会利用声音，即自己的叫声实现各种各样的目的。

海豚过着群居生活，会与生活在一起的同伴进行交流。这时所使用的是一种被称为“哨音”的叫声。而人耳听到的，是一种类似“滴！滴！”的声音。

此外，海豚在寻找猎物或者探查周围情况时，会发出一种被称为“咯喇音”的叫声。此时人耳听到的，是一种类似“咔哩咔哩”“咔嘁咔嘁”的声音。不过，由于绝大部分咯喇音是频率极高的超声波，人类几乎无法听到。

喀喇音的使用方法

※哨音也是利用同样的方式发出的。

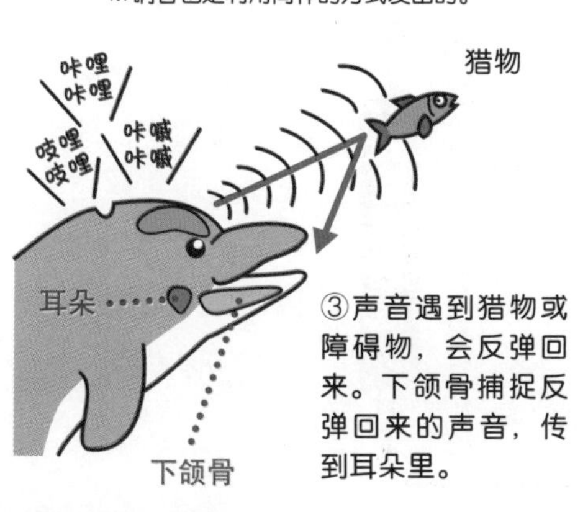

从额头发出声音

那么，海豚究竟是如何利用喀喇音寻找猎物的呢？

与人类不同，海豚没有用来发声的“声带”，原本用来听声音的耳朵也因为积满了耳垢而无法使用。因此，海豚是从位于头部，被称为“喷气孔”的鼻孔深处发出声音的。再通过其额头上被称为“额隆”的椭圆形部位将声音聚集起来，向前方发出。

声音遇到猎物或障碍物，会反弹回来。海豚利用下颌骨捕捉反弹回来的声音的振动（回声）。由于海豚的下颌骨与耳朵相连，可以将捕捉到的声音传到耳朵里。

海豚就是以这种方式感知猎物和障碍物所处位置的大小和形状的。

要点在这里！

海豚发出的『哨音』，主要是与生活在一起的同伴进行交流；寻找猎物等时候会发出『喀喇音』。

第338页问题答案 固着效果

小测验 位于海豚额头上，用于收集声音的椭圆形部位叫什么？

有的生物可以自由转换性别！

阅读日期（　年　月　日）（　年　月　日）（　年　月　日）

生命 遗传基因

雌性与雄性的功能

在大多数情况下，生物分为雌性和雄性。当雄性携带的精子与雌性携带的卵子合而为一（受精），就会产生新的生命。换句话说，雄性制造精子，雌性制造卵子，这都是繁衍后代需要具备的功能。我们称之为“生殖功能”。

但是，在自然界中，还存在同一个生物体兼具雄性和雌性两种生殖功能的生物。这些生物分为两种，一种从一开始就兼具雌性和雄性的生殖功能，另一种是通过后来转换性别来实现兼具雌性和雄性生殖功能的。

兼具两种生殖功能的物种

从一开始就兼具雌性和雄性生殖功能的物种，也分为可以独立完成受精的类型和需要通过交尾互相受精的类型。

自体受精的物种包括名为嵌条扇贝的双壳贝等。它可以独自制造出精子和卵子，在海里将其释放出来实现受精。需要通过交尾互相受精的物种包括蜗牛、蛞蝓等。它们通过互相提供精子（交尾）实现受精。

此外，后来转换性别的物种包括一种叫作小丑鱼的鱼类。小丑鱼生活在海葵里，幼年时全部是雄性，在群体中，最大的雄性会变成雌性，进而产卵。而第二大的雄性会将精子置于其中，使其受精。

据说，这些兼具雌性和雄性特征的生物都无法远距离移动，雌性和雄性之间很难见面，因此，才采取了这种繁衍后代的方式。

蜗牛的受精过程

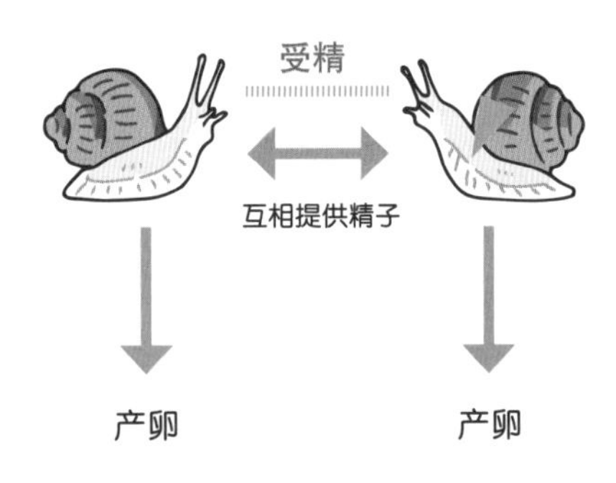

小丑鱼的受精过程

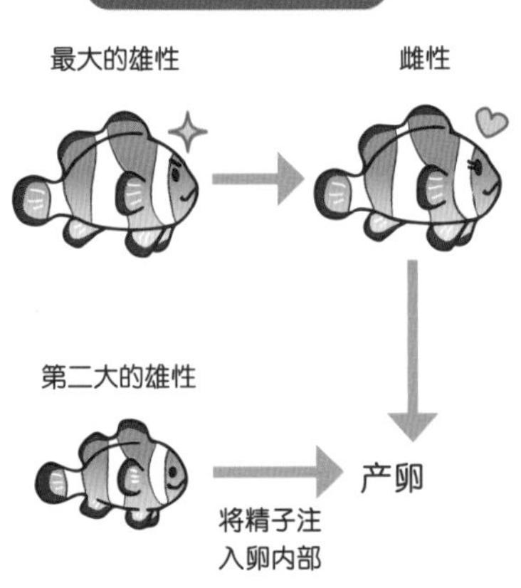

要点在这里！

有从一开始就兼具雌性和雄性生殖功能的生物，也有后来转换性别的生物。

第339页问题答案　额隆

小测验　最大的雄性变成雌性产卵，第二大的雄性将精子置于其中使其受精的是哪一种鱼？

11 月故事

据说土星能浮在水上，是真的吗？

阅读日期（　年　月　日）（　年　月　日）（　年　月　日）

虽然体积大，质量却很轻

土星是太阳系中第二大行星。它的直径约为地球的9倍（约12万千米），体积约为地球的764倍，重量约为地球的95倍。

但是，体积相同的条件下，土星的重量只相当于水的十分之七。换句话说，相同体积下，土星比水要轻。

因此，如果有一个足够装得下土星的泳池，再把土星放进去，它一定会浮在水面上。

那么，土星为什么会这么轻呢？

构成土星的物质是什么？

秘密就藏在构成土星的物质里。

土星最主要的组成部分是氢。观察土星内部会发现，虽然土星的中心部分是由岩石和冰组成的“内核”，但是围绕在内核周围的都是呈液体状态的氢，再外层则是呈气体状态的氢。也就是说，土星基本上全部由氢构成。从比例上来讲，土星约93%的成分是氢。

在宇宙的所有物质中，氢是质量最轻的。也就是说，由于土星的绝大部分是由宇宙中最轻的物质构成的，它比水还要轻。

另外，与土星同属于“气态巨行星”的木星也有约90%的成分是氢。但是，与土星相比，木星的内部密度较大，因此在体积相同的条件下，木星并不会比水轻。

要点在这里！

土星主要由氢构成，相同体积下质量比水轻，因此能浮在水面上。

第340页问题答案　小丑鱼

小测验　土星能浮在水面上，因为它基本上是由什么构成的？

动物体形越大越长寿吗？

阅读日期（　　年　　月　　日）（　　年　　月　　日）（　　年　　月　　日）

心跳变慢

大家知道大象能活多少年吗？亚洲象的寿命约为80年。那么其他动物的寿命又是怎样的呢？牛的寿命约为30年，狗的寿命约为15年，小家鼠的寿命为1~2年。这样看来，似乎体形越大的动物寿命越长。这是为什么呢？

有一种说法认为，哺乳类动物的心脏跳动约15亿次之后，生命就会走到尽头（有若干种不同的学说）。大型动物由于更容易保持体温，能量消耗较小，心跳速度也较慢。也就是说，正是由于心跳较慢，寿命才随之变长了。

如果将大象的寿命转化为人类的寿命，只相当于大约26年。实际上，人类的寿命为70~80年。目前的观点认为，这是医学的不断发达和人类摄入了充足的营养的缘故。

最长寿的动物

目前世界上最长寿的动物，是一只叫作“乔纳森”的亚达伯拉象龟。据推测，它已经有183岁了。

亚达伯拉象龟与加拉帕戈斯陆龟并列世界上最大的陆龟，体重约为250千克。虽然乔纳森的体形比大象小，体重也比大象轻得多，但似乎是由于它离开原来的栖息地，来到了更为寒冷的圣赫勒拿岛上，才得以长寿的。当周围环境的温度降低时，乌龟的体温也会随之降低，变得利用极少的能量就能维持活动。因此，心跳也随之变慢了。

亚洲象（雄性）
寿命约80年，每分钟心跳约20次。

人类（成年男性）
寿命约80年，每分钟心跳约70次。

亚达伯拉象龟（雄性）
寿命约150年，每分钟心跳约26次。

家鼠
寿命1~2年，每分钟心跳约600次。

要点在这里！

有一种说法认为，哺乳类动物的心脏跳动约15亿次之后，生命就会走到尽头，正因为大型动物的心跳速度较慢，才得以长寿。

小测验 目前世界上最长寿的乌龟叫什么名字？

第342页问题答案 氢

为什么吃饱了会犯困？

阅读日期（　　年　　月　　日）（　　年　　月　　日）（　　年　　月　　日）

肚子吃饱后

有时候，吃过饭之后，会莫名其妙地犯困。这究竟是为什么呢？

目前有一种观点认为，这是体温下降了的缘故。吃饭时，体温会暂时上升，血液循环也会随之加快。

但人体具有保持一定体温的功能，因此，过一会儿体温就会下降。

人类在夜晚睡觉时，体温会稍微下降，然后慢慢睡着。而吃过饭之后，上升的体温也会逐渐下降，从而导致人们犯困。

此外，还有一种观点认为，犯困能起到提振食欲的作用。大脑分泌的一种叫作“增食欲素(orexin)”的物质具有使人清醒的作用，在饥饿时，其分泌量会增加，吃饱后分泌量则会减少。因此，吃过饭后，增食欲素的分泌量减少，就会导致人犯困。

体温下降

吃饭时，体温会短暂上升。

过一会儿，体温就会开始下降。

增食欲素的分泌量减少

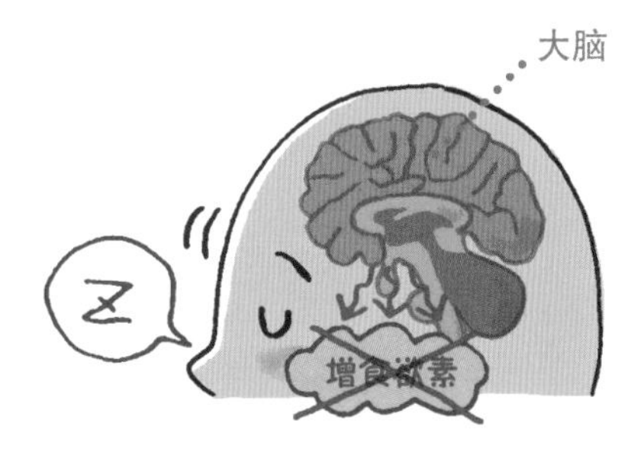

吃饱后，增食欲素的分泌量减少。

身体的节奏也是原因之一

在早、中、晚三餐中，很多人在吃过午饭后最容易犯困。这是身体具有在中午犯困的节奏的缘故。

人类每天有两次犯困的高峰时段，其中最困的是凌晨2～4点，其次是下午2～4点，也就是午饭后。

但是，如果夜里睡得很好，即便在午饭后，也不会感到特别困。反之，如果感受到不可控制的强烈困意，则可能是睡眠不足所导致的。

另外，处于生长发育高峰期的小朋友，最好在晚上9点左右就去睡觉哦！

要点在这里！

吃饱后，体温会下降，增食欲素的分泌量也会减少，因此人会犯困。

第343页问题答案　乔纳森

小测验　饥饿时，大脑分泌的能令人清醒的物质叫什么？

用电暖炉为什么能让屋子变暖？

阅读日期（　　年　　月　　日）（　　年　　月　　日）（　　年　　月　　日）

放射（辐射）

传导

热量在物体内部移动传递

对流

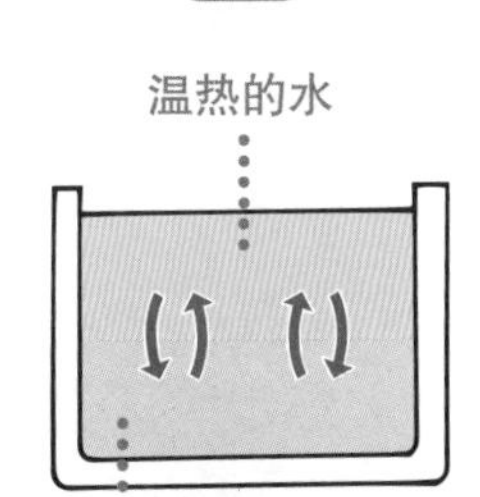

气体和液体通过流动传导热量

要点在这里！

电暖炉会发出一种叫作『红外线』的能够传导热量的光，使周围变得温暖。

利用红外线提高温度

太阳发出的光分为我们肉眼能看到的光和看不到的光。看不到的光之中，就有一种叫作“红外线”的光。

吸收了红外线的物质，温度会随之上升。我们被太阳光照射时感到温暖，也是其中含有红外线的缘故（→p.42）。

不仅太阳，地球上所有的物体都会发出红外线。尤其是温度越高的物体，发出的红外线也越多。

电暖炉是利用一种通电后能够产生极高温度的“卤钨灯”发出大量红外线的。其发出的热量经过传导，就会让我们感觉暖乎乎的。

热量的传导方式

热量通过红外线进行传导的现象叫作“放射（辐射）”，除了放射，还有其他热传导的现象。

比如，用水壶烧水时，水壶的提手也会变热。这是由于接触火的部位的热量移动到了提手处。这种热量在物体内部发生移动的现象叫作“传导”。

此外，浴室里的热水和房间里的空气，都是只有靠上的部分较为温暖，这是温热的水和空气会向上流动，而较冷的水和空气会向下流动的缘故。这种气体和液体通过流动来传导热量的现象叫作“对流”。

增食欲素

小测验　热量通过红外线进行传递的现象叫什么？

植物也是有寿命的？

阅读日期（　　年　　月　　日）（　　年　　月　　日）（　　年　　月　　日）

树木可以存活数千年

生物都是有寿命的，植物也一样。

按照从萌芽开始，一直到留下种子后枯萎所经历的时间，植物可以分为三种类型。

第一种是在一年内就会枯萎的植物，我们称之为“一年生植物”。第二种是在两年内会枯萎的植物，我们称之为“二年生植物”。因此可以说，这两类植物的寿命分别是一年和两年。

还有一种不会在一两年内枯萎，而是会持续生长多年的植物，我们称之为“多年生植物”。多年生植物的寿命因具体品种而异。树木中，能够持续生存几百年的也不算罕见。在日本，有一种叫作“绳文杉”的杉树能够存活2000年以上，而在美国内华达州发现的一种叫作“狐尾松”的松树，据推测已经有4800年的历史了。

树木可以长时间生存的原因

那么，为什么树木可以长时间生存呢？

在树木树干和根的末端，聚集着使树干和树根生长的细胞。这些细胞通过分裂（一分为二）使树干和树根不断生长。并且，在树干和树根的内侧，还有一个细胞进行分裂的形成层。因此，树干、树枝和树根会在变长的同时也不断变粗。

只要周围的环境适宜，这些细胞就能够无限分裂，这就是树木能够长时间生存的原因。

虽然老旧细胞会死去，但覆盖在细胞表面的坚硬的细胞膜会留下来，变成树皮，为树木提供支撑。

要点在这里！

可以说，一年生植物和二年生植物的寿命分别是一年和两年。而多年生植物的寿命因品种而异。

小测验 不会在一两年内枯萎，能够存活多年的植物叫什么？

第345页问题答案 放射（辐射）

切开的苹果为什么会变成浅褐色？

阅读日期（　年　月　日）（　年　月　日）（　年　月　日）

原因在于多酚

把苹果切开或者削好皮放一会儿，就会发现苹果变成了浅褐色。那么，请你仔细想一想，是只有苹果会变成浅褐色吗？实际上，香蕉、桃子、茄子、牛油果等也都同样会变成浅褐色。

以苹果为代表的大部分蔬菜和水果中，都含有一种叫作“多酚”的物质。蔬菜和水果之所以会变成浅褐色，也是多酚的缘故。因此，多酚含量较少的梨和甜瓜等很难发生变色。

接触到空气发生变色

在苹果中，除了多酚，还含有一种叫作“酶”的物质。酶和多酚平时各自存在于细胞的不同位置，但是切苹果时，细胞遭到破坏，它们就会聚在一起。

切开或者削皮之后，苹果表面接触到了空气，酶会促使空气中的氧与多酚结合发生反应，变成浅褐色。

想要避免变色，可以将切开的苹果保存在盐水或柠檬汁中。这样一来，可以抑制酶发挥作用，多酚也很难与氧结合，苹果也就不会变成浅褐色了。

苹果变成浅褐色的原理

第346页问题答案 多年生植物

小测验 苹果中包含的，切开后会使其变成浅褐色的成分叫什么？

冰为什么会浮在水面上?

阅读日期(　年　月　日)(　年　月　日)(　年　月　日)

水分子的状态

在杯子里放入冰块，再倒入饮料，会发现冰块浮到了水面上。为什么会发生这种现象呢?

水是由水分子集结起来组成的。当它以水的状态存在时，水分子能够到处运动。但是，一旦变成了冰的状态，水分子就会紧密地结合在一起，动弹不得。虽然水分子只能以固定的形态联结在一起，但这种联结方式整齐排布后，水分子之间就会形成间隙。可以说，冰之所以能浮在水面上，秘密就藏在水与冰块中水分子的聚集方式上。

质量发生了改变

体积相同的条件下，水中的水分子处于自由运动的状态，大量水分子能够紧密地压缩在一起。但是，冰块中的水分子已经联结在了一起，彼此之间存在间隙，水分子能够进入的范围比液体状态时变少了。

比较相同体积的水和冰的质量，会发现水分子密集排布的水相对更重，而分子间存在间隙的冰则相对较轻。因此，冰可以浮在水面上。

体积相同的条件下，比较液体和固体的质量，像水这样变成固体后质量反而较轻的物质十分罕见，绝大部分物体是液体状态下相对较轻。

水和冰的重量

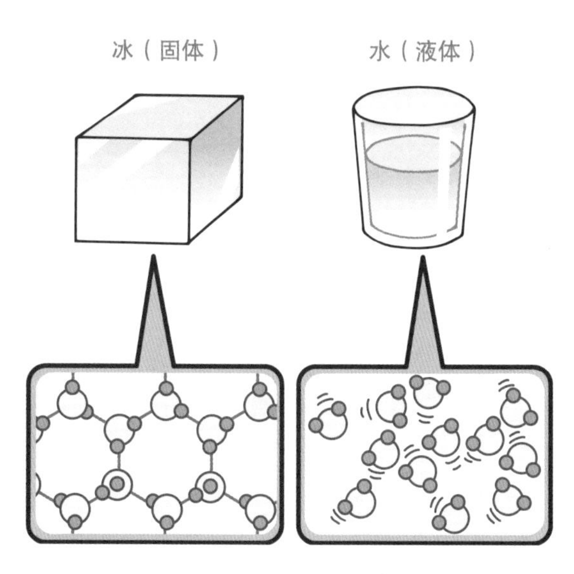

由于联结方式的关系，水分子之间形成了间隙，比水要轻。

体积相同的条件下，含有的水分子比冰多。

要点在这里!

水结成冰时，体积相同的条件下，冰比水更轻，因此，冰可以浮在水面上。

第347页问题答案　多酚

小测验　体积相同的条件下，液体和固体状态下的水，哪个更轻?

放射线会对身体产生什么样的影响？

11月8日

阅读日期（　　年　　月　　日）（　　年　　月　　日）（　　年　　月　　日）

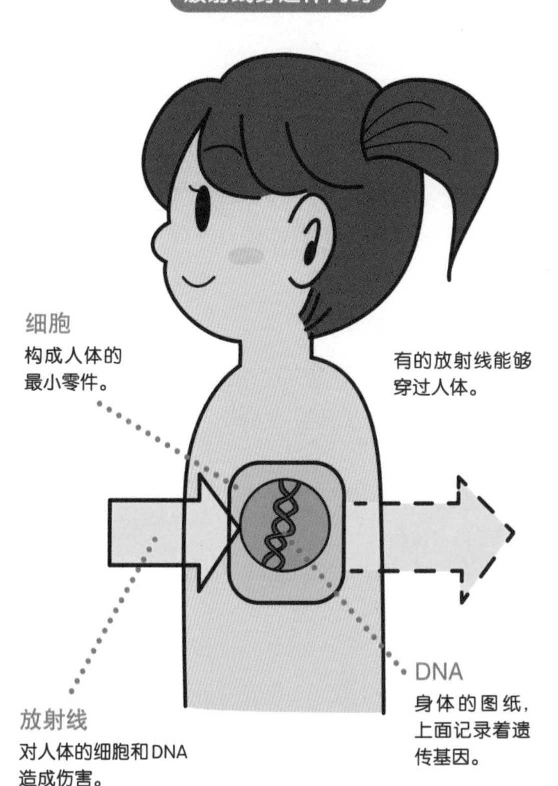

对DNA造成伤害

放射性物质所发出的“放射线”会对人体细胞（构成人体的最小零件）和位于细胞内的人体图纸DNA（→p.95）造成伤害。即便放射线来自体外，它也会穿过人体，对体内的细胞造成伤害。

举例来讲，人受伤后会导致一部分皮肤细胞坏死，也会长出新的细胞，对皮肤进行修复。此时，遗传基因会在新细胞内部得到完美继承。

负责记录遗传基因的DNA一旦遭到来自放射线的伤害，受到伤害的位置就会试图利用蛋白质和酶进行修复。在放射线数量较少，时间也充足的情况下，通常能够很好地实现修复，但是如果在短时间内接受了大量放射线的照射，就会来不及进行修复，严重时甚至会导致死亡。

要点在这里！

放射线能够对作为人体图纸，记录遗传基因的DNA造成伤害。

放射线能够治愈癌症？

但是，放射线也并非只会对身体产生负面的影响。在癌症治疗时，医生通常会使用放射线。

利用放射线照射癌细胞，能够使癌细胞遭到破坏。这种治疗方法可以免除手术对身体和内脏造成的伤害，减少痛苦。

第348页问题答案　固体

小测验　放射线会对记录遗传基因的什么东西造成伤害？

在人造卫星上，时间过得更快！

阅读日期（　年　月　日）（　年　月　日）（　年　月　日）

失去了重力，时间过得更快

你认为时间在任何地方流逝的速度都是一样的吗？实际上，时间的流逝速度并不是固定不变的。我们知道，地球上的物体都受到来自地球中心的“重力”的吸引，重力会导致时间的流逝速度变慢。但是在宇宙空间中，这种重力的影响会逐渐变小。因此，在宇宙中，时间会过得更快。举例来讲，在距离地面2万千米的高度围绕地球运动的人造卫星上，时间过得比在地面上要快。

应用于车辆导航系统和智能手机的GPS功能，就是通过人造卫星发出电波的时间和天线接收到电波的时间差来测算距离，进而推算出我们所处的位置的。而这种时间上的差值也是个大问题。虽然差值是每年相差0.014秒，看起来似乎微不足道，但是反映在GPS上，就会造成距离上的巨大偏差。因此，用于GPS的人造卫星上的时钟会走得稍稍慢一点。

在火箭中情况又是怎样的呢？

此外，在高速运动的物体中，时间则会变慢。乘坐高速运动的火箭时，对于火箭里的人而言，时间的流逝速度和平常是一样的。但是，在位于火箭之外的人看来，火箭里的时间看起来似乎过得慢一些。

假设我们乘坐以秒速27万千米（这一速度相当于光速的90%）的速度飞行的火箭，那么在地球上的时钟走一秒的时间里，火箭上的时钟只走了0.44秒。

要点在这里！

由于重力和移动速度的不同，时间的流逝速度也不一样。

第349页问题答案　DNA

小测验　利用人造卫星发出的电波定位自己所处的地点的功能叫什么？

长跑有两种方式！

阅读日期（　　年　　月　　日）（　　年　　月　　日）（　　年　　月　　日）

步幅跑法

尽量将双腿迈开，使腿部能够自然移到身体后方。

加大步幅，跑步时发挥全身肌肉的弹力。

步频跑法

手臂摆动和呼吸节奏配合好。

步幅较小，加快腿部的运动速度。

步伐的大小不同

每到秋季，大家都会参加耐久跑之类的长跑活动。其中一定有一些不擅长长距离奔跑和怎么都跑不快的人。

根据步幅大小的不同，长跑可以分为两种类型。

一种是步幅较大、步数较少的“步幅跑法”。这种跑法是让全身的肌肉像弹簧似的，以弹跳的方式奔跑，这样很容易跑出速度。在长跑中，这种跑法常用于相对较短的距离。

另外，在马拉松等距离较长的长跑过程中，也经常会用到步幅较小、腿部运动频率较高的“步频跑法”。因为步幅较小，脚踝受到的冲击也会较小，很适合长时间跑步。

跑得快的秘诀

在各种跑步方法中，想要跑得快，都必须要加大步幅或者增加步数。这其中也有秘诀。

使用加大步幅的步幅跑法时，最好能尽量将双腿迈开，使腿部能够自然移到身体后方。在步频跑法中，可以加快弯曲的手臂的摆动速度。这样就很容易使腿部配合手臂的摆动向前迈出。并且，手臂摆动和呼吸节奏一旦配合好，就能跑得更快了。

要点在这里！

长跑的方法，包括加大步幅的步幅跑法和缩小步幅、加快腿部运动速度的步频跑法。

第350页问题答案 GPS功能

小测验 加大步幅，全身的肌肉像弹簧似的弹跳的奔跑方式叫什么？

飞机为什么能在天上飞?

阅读日期（ 年 月 日）（ 年 月 日）（ 年 月 日）

以极快的速度滑行

飞机会载着许多人飞上高空。那么大、那么重的飞机，为什么能在天上飞呢?

飞机在飞上天空前，首先要滑行很长一段距离，这段路叫作跑道。此时飞机的滑行速度约为每小时250千米，与新干线的时速基本相同。利用这种与空气的高速撞击，飞机的周围会形成一股较强的气流（风）。

飞机飞行的原理

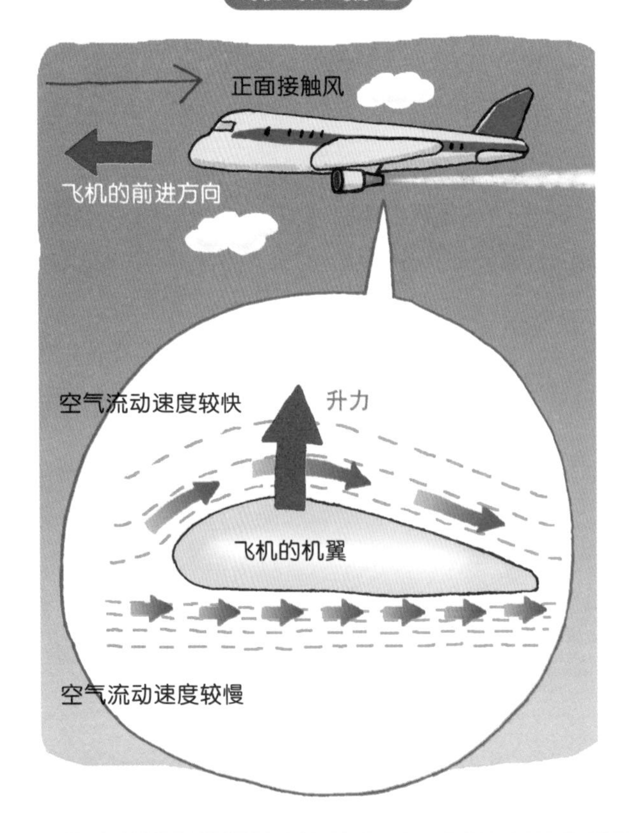

产生升力

在飞机机身的左右两侧，各有一个巨大的机翼。空气撞击到机翼，就会以机翼为界上下分开，形成较强的气流。此时，经过机翼上方的空气流动速度变快，而经过机翼下方的空气流动速度会变慢。这样一来，由于机翼上方的空气流动速度较快，此处的空气会变得稀薄，空气施加给周围物体的力（压力）也就随之变小了。而在空气流动速度较慢的机翼下方，空气密度变大，压力也会随之变大。这种差异就成了将机翼向上举起的力。我们称之为“升力”（→p.154）。

飞机为了飞起来，需要制造出能够产生升力的气流——利用强力的喷气式引擎和螺旋桨将空气向后排出，利用其产生的反作用力前进，从而产生气流。

要点在这里!

前进时产生的气流将机翼推举上去。

步幅跑法

第351页问题答案

小测验 飞机为了产生气流，使用什么部件前进?

白蚁的巢穴里有天然的空调！

阅读日期（　　年　　月　　日）（　　年　　月　　日）（　　年　　月　　日）

蚁冢的“空调系统”

在蚁冢表面，有很多常年张开的小孔。通过利用这些小孔更换空气，蚁冢中一直有新鲜的空气流通。

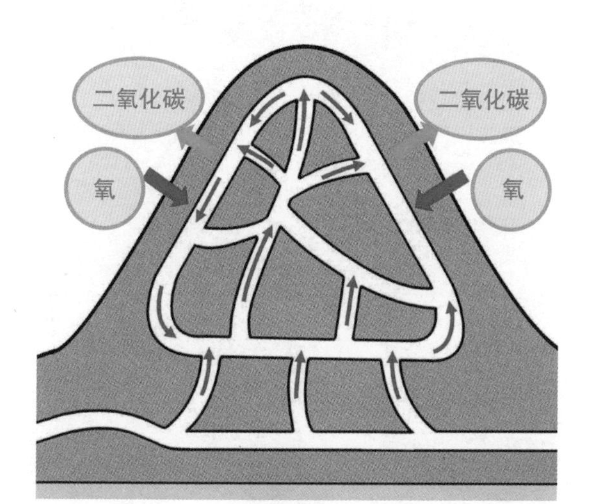

地下水

蚁冢地下遍布着隧道，被地下水冷却后的空气在整个蚁冢内部得以流通。

白蚁巢穴的构造

白蚁以在人们的家里定居，啃食木质地基和梁柱而出名。但是，白蚁有很多种类，定居在人们家里造成破坏的，其实只是其中的几种。大多数白蚁群居在非洲和东南亚等较为炎热的地区，因为能够制造出被称为蚁冢的大型巢穴而被人们熟知。

我们可以在稀树草原等处找到蚁冢的踪迹。稀树草原气候干燥，白天气温较高，而到了夜晚气温会骤然降低，自然环境十分严酷。白蚁家族十分庞大，活动起来会产生很多热量。然而，蚁冢内部的温度却不会出现大的变化，一直保持在30℃左右。

这是因为位于蚁冢表面的小孔可以起到更换空气的作用。此外，在蚁冢的地下深处遍布着隧道，被地下水冷却后的较冷的空气也可以在整个蚁冢内部流通。或许可以说，蚁冢是由白蚁构建的、像空调系统一样的东西。

要点在这里！

由于更换空气的小孔和地下水的冷却作用，蚁冢内部能够保持比较稳定的温度。

高达6米的巨大蚁冢

在白蚁中，澳洲磁性白蚁建造出的蚁冢规模最大。这种白蚁生活在澳大利亚，能够建造出高达6米，像岩石一样巨大的蚁冢。其中居住着多达300万只白蚁。

这种壮观的蚁冢，是白蚁们将自己的唾液与土混合后，逐渐堆积建造而成的。

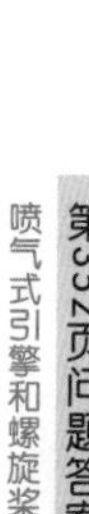
第352页问题答案 喷气式引擎和螺旋桨

小测验 生活在大洋洲，能够建造出高达6米的蚁冢的白蚁叫什么名字？

熊猫为什么是黑白色的？

阅读日期（　　年　　月　　日）（　　年　　月　　日）（　　年　　月　　日）

聚集太阳光

熊猫身上有黑白两种颜色。那么，为什么会这样呢？

让我们仔细观察一下熊猫的身体。熊猫只有眼睛周围、耳朵和四肢是黑色的。

眼睛周围的黑色是为了在太阳光的照射下保护眼睛。野生大熊猫生活在有降雪的高山上，太阳光被雪反射后十分刺眼。因为黑色具有吸收太阳光的性质，熊猫会利用眼睛周围的黑色部分吸收太阳光，防止刺眼的光线进入眼睛。

此外，耳朵和四肢之所以呈黑色，是因为这些都属于容易受冷的部位。据说，生活在寒冷地区的熊猫，薄薄的耳朵和接触地面的四肢呈黑色，是为了便于吸收太阳光。

黑白相间的身体可以与投射在竹林里的光影混在一起，不易被敌人发现；白色的部位看起来像雪，黑色的部位看起来像岩石，是一种保护色。

保护自己不容易被敌人发现

还有一种说法认为，黑白相间的身体可以保护大熊猫，使其不容易被敌人发现。经常穿梭在竹林中的熊猫，可以与投射在竹林里的光影混在一起，不易被发现。

还有一种说法认为，熊猫白色的部位看起来像雪，黑色的部位看起来像岩石，是一种保护色，不容易被敌人发现。

目前，中国还发现了身体由白色和浅褐色构成的大熊猫。至于它的身体为什么会呈现这两种颜色，原因尚不明确。

要点在这里！

熊猫利用身体黑色的部位吸收太阳光。还有说法认为，黑白相间的身体是一种保护色，不容易被敌人发现。

第353页问题答案　澳洲磁性白蚁

小测验　熊猫利用身上黑色的部位吸收什么？

鳗鱼是在哪里出生的？

阅读日期（　　年　　月　　日）（　　年　　月　　日）（　　年　　月　　日）

日本鳗鱼的活动路线

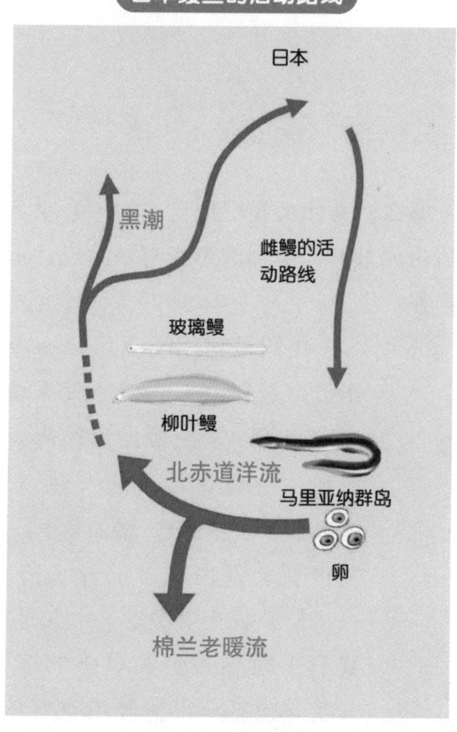

日本鳗鱼在马里亚纳群岛附近的海域产卵，由卵孵化出的幼鱼变成柳叶鳗；向北进发的柳叶鳗借助黑潮变成玻璃鳗，最终抵达日本成长为日本鳗鱼。

移动的同时变换形态

或许大家都很坚定地认为，鳗鱼是生活在河里或湖里的鱼类。然而，鳗鱼其实并不是在河里或者湖里出生的。

日本人自古以来大量食用的日本鳗鱼，产自日本以南约3000千米的马里亚纳群岛附近海域。

刚刚从卵中孵化出来的鳗鱼幼鱼长度约5毫米，还没有长出眼睛和嘴。然而，当它长到扁平透明的柳叶形态时，就变成了“柳叶鳗”。柳叶鳗的鱼群向西移动，随着“北赤道洋流”和“棉兰老暖流”漂游，分南北两个走向。一路向北的柳叶鳗会随着一种叫作“黑潮”的洋流漂游，并逐渐接近成年鳗鱼的形态，但身体依然是透明的。也就是说，变成了“玻璃鳗”。

玻璃鳗在途经中国、韩国附近海域后，最终抵达日本，定居在河里或湖里，随后成长为大家所熟知的黑色鳗鱼。成年鳗鱼长度为40 ~ 50厘米。

要点在这里！

日本人自古以来大量食用的日本鳗鱼，产自日本以南约3000千米的马里亚纳群岛附近海域。

有灭绝的危险？

目前，日本鳗鱼的养殖过程是将捕捉到的日本鳗鱼幼苗放入池中饲养。

然而最近一段时间，已经很难捕捉到野生日本鳗鱼鱼苗了。因此，日本鳗鱼的价格节节攀升。2013年日本环境省发布的“红色名录”中，已将日本鳗鱼列为“濒危物种”（→p.182）。

第354页问题答案　太阳光

小测验　日本鳗鱼产自哪个地方附近的海域？

为什么录音机里自己的声音与平常说话的声音不一样?

阅读日期(　　年　　月　　日)(　　年　　月　　日)(　　年　　月　　日)

声音的本质是空气的振动

声音究竟是什么呢?实际上,声音的本质是空气的振动。我们发出声音或者演奏乐器时,空气就会产生振动,并逐渐传播。然后,我们耳朵里的一层叫作“鼓膜”的薄膜也会随之产生振动。这样一来,鼓膜产生的振动就会转化为利用神经进行传导的电信号。当大脑感知到这些电信号,我们也就听到了声音。

一部分声音会利用骨头传播

那么,为什么我们把自己的声音录下来之后再回放时,听到的声音与平时说话不太一样呢?

我们是利用喉咙深处一个叫作“声带”的器官使空气振动发出声音的。从声带发出的声音主要经由空气传播,进入耳朵里,使鼓膜产生振动。然而,有一部分声音会经由头部的骨头传播,直接使鼓膜产生振动。也就是说,我们平时感知到的自己的声音,其实是包括一部分经由空气传播的声音和一部分经由骨头传播的声音。经由骨头传播的声音,其音量大小和音调高低都与经由空气传播的声音有所不同。

而录音时,录下的声音只是经由空气传播的声音,因此,我们会觉得它与我们平时听到的不太一样。

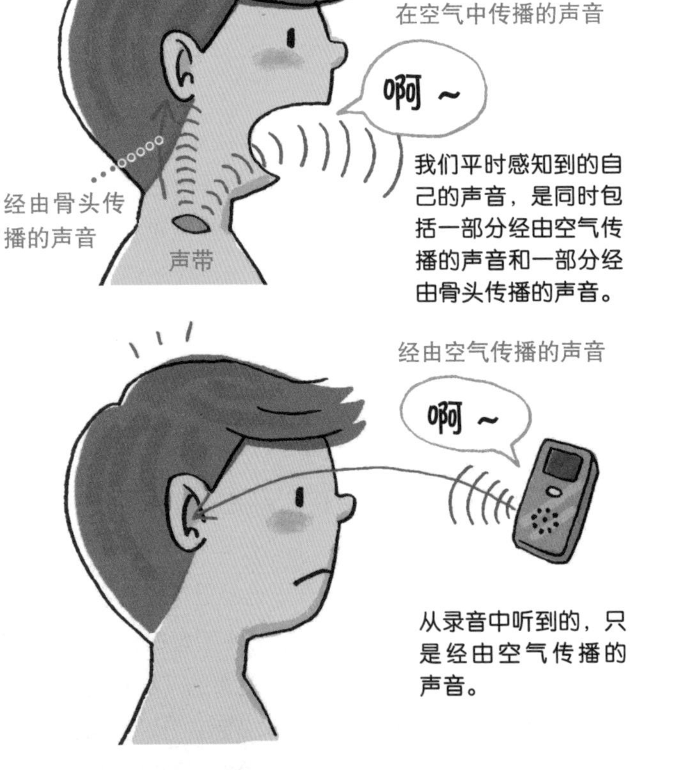

要点在这里!
自己的声音不仅会经由空气传播,还会经由头部的骨头传播。

第355页问题答案
马里亚纳群岛

小测验 位于喉咙深处,能使空气振动发出声音的器官叫什么?

蝴蝶能看到人类肉眼无法看到的光！

阅读日期（　年　月　日）（　年　月　日）（　年　月　日）

能看见紫外线

我们可以用眼睛看到各种各样的光。然而，在生物中，有许多物种能够看到人类肉眼无法看到的光。蝴蝶就是其中的代表。

生物一般是利用眼睛里一种叫作"视蛋白"的物质感知光的存在的。视蛋白有若干个种类，而蝴蝶作为昆虫，拥有的视蛋白是人类所不具有的。因此，蝴蝶能够看到"紫外线"。

紫外线是太阳光中包含的一种光线，能够对皮肤造成伤害，人类凭借肉眼无法看到它。

然而，包括蝴蝶在内的昆虫、鸟类、鱼类和爬行类等，或者简单来说，除人类以外的各种动物都能看到紫外线。

找到花蜜

紫外线

花朵上含有花蜜的中心位置能够吸收更多的紫外线。

蝴蝶具有人类所不具备的视蛋白种类，能够看出明暗差别。

寻觅"结婚对象"

紫外线

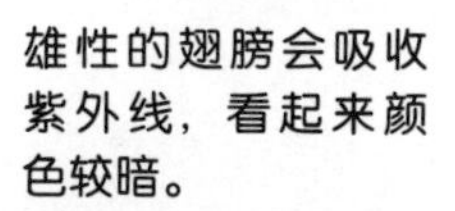

雄性的翅膀会吸收紫外线，看起来颜色较暗。

雌性的翅膀看起来颜色较亮。

能够寻觅结婚对象

能够看到紫外线这一点，对蝴蝶的生活大有帮助。

在人类看来一片黄澄澄的花田，在蝴蝶眼中，在花的中心，也就是花蜜所在位置的颜色明亮程度是有差别的。这是由于花的中心位置能够更好地吸收紫外线。因此，蝴蝶能够轻松找到作为食物的花蜜。

此外，有一种叫作纹白蝶的蝴蝶，在人类看来是通体洁白的，如果用能看到紫外线的眼睛去观察，就会发现雄性纹白蝶颜色较暗，而雌性纹白蝶颜色较亮。这也是雄性纹白蝶的翅膀吸收了紫外线的缘故。纹白蝶就是凭借这种方法来轻松分辨雌性和雄性，寻觅"结婚对象"的。

要点在这里！

蝴蝶具有人类所不具备的视蛋白种类，能够看到紫外线。

生命　虫类

第356页问题答案　声带

小测验　太阳光中，人类看不到而蝴蝶能看到的光线叫什么？

人造卫星在宇宙中是静止的吗？

阅读日期（　年　月　日）（　年　月　日）（　年　月　日）

静止卫星的作用

在地球周围，有许多人造卫星在飞行。其中有从地面上看似乎一直停在同一个位置的人造卫星，我们称之为“静止卫星”。

“气象卫星”和“广播通信卫星”都是与我们日常生活息息相关的静止卫星。

气象卫星是在宇宙中对地球上空的云、温度、风等进行观测的卫星。我们在天气预报中经常看到的“分时段云图”就是由气象卫星拍摄的。

广播通信卫星是从宇宙中直接将来自电视台和通信公司的电波传输到我们身边的卫星。一颗广播通信卫星基本就可以覆盖一个国家，能够轻松地对很多信息进行传输。

与生活相关的静止卫星

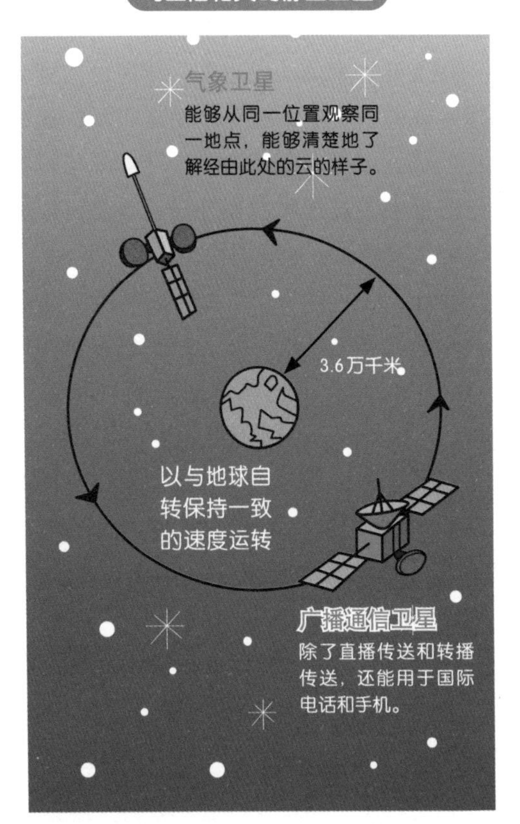

看似静止，实则运动？

虽然静止卫星看上去总是在天空中的同一个位置，但实际上它并不是静止不动的，而是以24小时为一个周期，以与地球自转同步的速度绕着地球运动的。这就好像两辆车以同样的速度并排行驶时，坐在车上的人看另一辆车就好像是静止的一样。

人造卫星绕地球运行的速度是根据其与地球之间的距离决定的。静止卫星在位于赤道正上方，距离地面约3.6万千米的轨道上，以每小时10,800千米的速度运行。这个轨道能够与地球自转的速度保持一致，我们称其为“静止轨道”。

要点在这里！

静止卫星以与地球自转保持一致的速度运转。

紫外线
第357页问题答案

小测验　静止卫星所在的位于赤道正上方、距离地面约3.6万千米的轨道叫什么名字？

牛和鲸鱼是亲戚！

阅读日期（　　年　　月　　日）（　　年　　月　　日）（　　年　　月　　日）

牛目和鲸目的动物

生活在陆地上的牛和生活在海里的鲸是近亲，或许你会觉得不可思议吧？

实际上，在对动物进行分类的科学角度来看，牛和鲸也曾经被划分为不同的类别。牛、河马、骆驼等被归为“牛目（偶蹄目）”，而鲸则被归为“鲸目”。

然而，通过对二者的DNA分析，科学家却发现鲸目动物与牛目动物是近亲。而且在牛目中，鲸与河马的血缘关系最为紧密。因此，科学家将牛目和鲸目合并起来，创造出了“鲸偶蹄目”这一分类。所谓“偶蹄目”，指的是腿部的蹄子（像大爪子一样的部位）数量为2个或4个这种偶数的动物。

鲸偶蹄目的动物

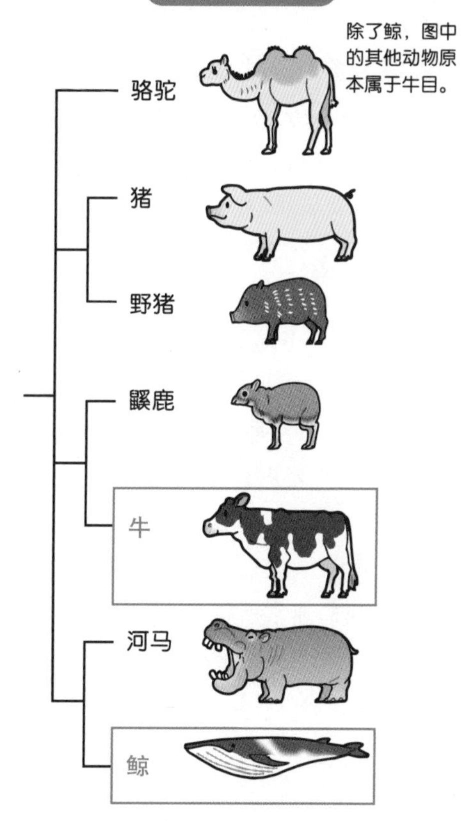

身体发生了变化的鲸

之所以说鲸与牛是近亲，是因为很久以前，鲸也曾生活在陆地上。后来据说“海里食物更丰富”“在海里没有与之为敌的动物”等原因，导致其到海里生活。

由于原本生活在陆地上，鲸和海豚都像人类一样用肺呼吸。因此，它们和人类一样，不能在水中呼吸，需要时常将头探出水面。

与此同时，它们也出现了一些适应海洋生活的变化。有观点认为，想要在海里生活，需要更方便游泳的身材，因此，它们的前肢逐渐变成胸鳍，尾巴变成尾鳍，后肢也消失了。

要点在这里！

由于了解到包括牛在内的牛目和包括鲸在内的鲸目动物是近亲，人们创造出了『鲸偶蹄目』这一分类。

第358页问题答案 静止轨道

小测验 牛目和鲸目合并而成的分类叫什么名字？

人体污垢是从哪里来的?

阅读日期（　　年　　月　　日）（　　年　　月　　日）（　　年　　月　　日）

皮肤不断进行新老交替

在浴池里搓澡时，会搓出许多污垢。这些污垢是从哪里来的呢?

覆盖着人体的皮肤大致可以分为三部分，从表面开始，依次是“表皮”“真皮”和“皮下组织”。

表皮是在各种刺激下保护皮肤的物质。毛发和指甲也属于表皮的附属物。

表皮分为若干层，在其最下层，始终不断地进行着细胞分裂（→p.290），不断产生新的表皮。在这种作用下，老旧的表皮会被新的表皮替代，并最终脱落。也就是说，这些脱落的老旧表皮就是我们通常所说的污垢。表皮就是这样，以四周为一个周期不断进行更替的。

表皮的最下层发生细胞分裂，由此逐渐产生新的表皮。这些表皮逐渐来到皮肤表面，使得原本位于最上层的老旧表皮脱落，变成污垢。

污垢

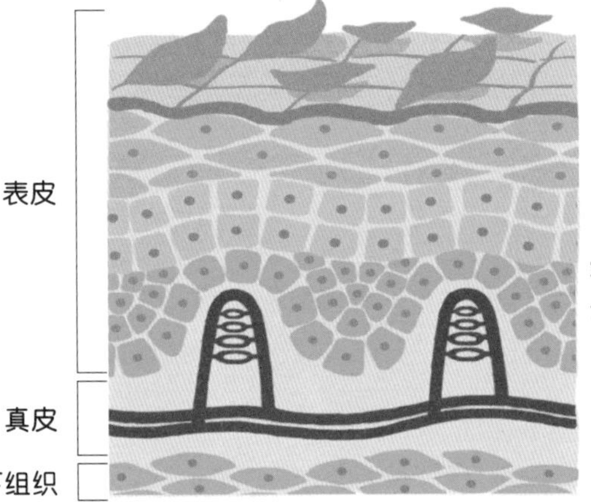

皮肤的各种功能

在表皮下方，有十分结实、富含“胶原蛋白”的真皮。真皮是组成人体的物质之一，具有支撑皮肤，保持组织形态的作用。

此外，在皮肤的最下层，有支撑表皮和真皮的皮下组织。皮下组织基本全部由脂肪构成。这些脂肪除了能够保持人体的体温稳定，还具有保护身体免遭攻击的作用。

要点在这里！

位于皮肤最外层的表皮变得老旧后，就会脱落变成污垢。

第359页问题答案　鲸偶蹄目

小测验　污垢是由皮肤的哪个部位产生的?

充满气的自行车轮胎为什么会变热？

阅读日期（　　年　　月　　日）（　　年　　月　　日）（　　年　　月　　日）

经由打气筒进入轮胎的空气被逐渐压缩，其中的空气粒子的运动会变得剧烈，导致温度上升。

空气中产生热

大家用打气筒给自行车的轮胎打过气吗？

使劲按压打气筒，空气逐渐进入轮胎后，再摸一摸轮胎，会觉得它变热了。这时，再试着摸一摸打气筒的下方，会发现也同样变热了。这究竟是为什么呢？

像空气这样的气体具有受到强力挤压后温度上升的性质。向轮胎中注入大量空气后，由于轮胎内空间有限，气体无法自由膨胀。因此，随着轮胎中的空气不断增加，气体被逐渐压缩，温度也就会随之上升。打气筒下方变热，也是由于此处的气体受到了来自上方的力的挤压。

空气粒子的运动

空气粒子的运动是温度发生变化的原因。空气中的粒子原本处于自由运动的状态，受到挤压时，运动会变得剧烈，导致温度上升。

与此相反，如果挤压的力量变弱，空气粒子的可活动空间变大时，空气粒子的运动速度就会变慢，温度也会随之降低。

要点在这里！

空气被压缩时，其中的粒子的运动会变得剧烈，导致温度上升。

第360页问题答案 表皮

小测验 空气的温度上升，是由于什么的运动变得剧烈？

在有的行星上，太阳是西升东落的！

阅读日期（　年　月　日）（　年　月　日）（　年　月　日）

只有金星沿反方向运动

太阳系的行星都是沿着同一方向绕太阳运动的。并且，行星的“自转”方向基本是相同的。然而，金星却与众不同，它沿着相反的方向自转。因此，在金星上看到的太阳的活动规律与地球上相反，在那里，太阳是从西边升起，从东边落下的。

此外，金星的自转速度非常慢，地球每24小时自转一周，而金星自转一周则需要243天。

金星是距离地球最近的行星，大小和构造也与地球相似，但是关于它的自转，还有许多未解之谜。

朝反方向自转的原因

关于金星朝反方向自转的原因，主要有两种观点。

一种观点认为，行星是由巨大的岩石或撞击或结合而形成的，由于发生撞击的方式不同，有时会导致自转变成了反方向。

第二种观点认为，由于太阳对金星的大气产生了牵引力，长时间处于这种力的作用下，金星的自转就变成了反方向。

无论哪种观点，目前都还没有决定性的证据，尚在研究之中。

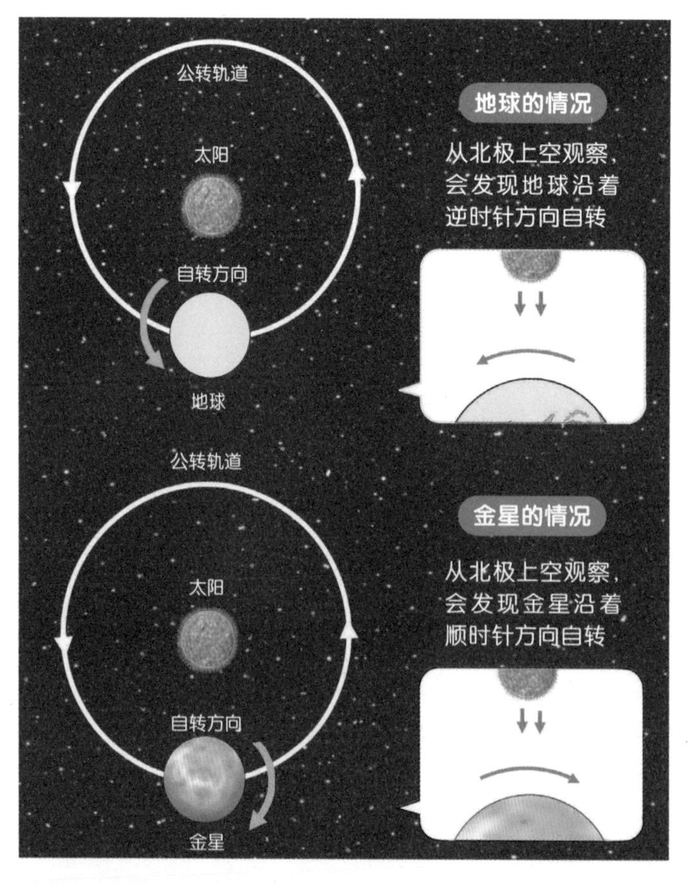

要点在这里！

金星的自转方向与地球相反，因此，在金星上看到的太阳的运动轨迹与地球上看到的相反。

空气粒子
第361页问题答案

小测验 在金星上看到的太阳的运动轨迹与地球上看到的相反，是什么的方向与地球相反的缘故？

有一种生物，身体四分五裂之后还能恢复原状！

阅读日期（　　年　　月　　日）（　　年　　月　　日）（　　年　　月　　日）

靠断开的方式增加数量

大家听说过一种叫作片蛭的生物吗？片蛭主要生活在水质优良的河流或池塘中的石头或叶片上，全长1～3厘米。

片蛭是一种非常罕见的生物，将其切成几段后，它的身体可以从切断处再生。

举例来讲，将片蛭切成10段，每一个断片都能再生，最终会变成10条片蛭。为什么会发生这种现象呢？

片蛭全身都长着能够变成身上任意组织和器官的"干细胞"。据说，在这种细胞的作用下，无论被从哪里切开，片蛭都能实现再生。

片蛭

切断

干细胞

无论将任何位置切断，片蛭都能够在干细胞和遗传基因的作用下，在正确的位置再生出正确的器官。

再生

恢复原状的遗传基因

虽说可以再生，但是如果把片蛭的头切下来，让它在有头的断面处长出尾巴，无头的断面处长出头，想一想似乎很难做到。

但是，人们通过对切掉了右半边的片蛭进行观察后发现，它可以刚好从左半边开始再生出右半边。

其原因就在于，片蛭具有能够控制在身体的什么位置长出什么器官的"遗传基因"（→p.95）。举例来讲，2002年，日本的研究人员发现，一个被人们命名为"nou-darake遗传基因"的基因只会在片蛭的身体前部，也就是头的位置制造出大脑。但如果人为地干扰这种遗传基因，就会导致在身体的任何地方都长出大脑。

可见，正是由于遗传基因的作用，片蛭才能够正确地实现再生。

要点在这里！

在可以成为任何器官的干细胞的作用下，片蛭即使被切断，也能实现再生。

第362页问题答案

小测验　片蛭能够再生，主要是因为哪两个东西的作用？

地球曾有过被冰雪包围的时期！

阅读日期（　年　月　日）（　年　月　日）（　年　月　日）

反复出现的冰期

目前的观点认为，地球诞生于距今约46亿年前。在这46亿年的时间里，地球表面的温度发生了巨大的变化。

纵观46亿年的历史，现在地球应该算是处于逐渐变冷的“冰河时代”。不过，这次的冰河时代也不是最近这些年才开始的，而是已经持续了上百万年。并且，在此期间，每隔约10万年，就会出现一次“冰期”（变冷的时期）和“间冰期”（变暖的时期）的循环。目前，地球正处于间冰期。

地球完全被冻住了

在过去的地球上，许多生物在寒冷的冰期阶段灭亡了（→p.215）。

在目前已经了解的冰期中，规模最大的是发生在距今约7.3亿～6.35亿年前的冰期。有一种说法认为，当时的地球表面完全被冰雪覆盖。这种说法被称为“雪球地球学说”。

然而，也有观点认为，即便是完全被冰雪覆盖，在地球内部，也依然存在岩浆的活动，在海底的“深海热液喷口”（→p.99）处，也有细菌等生物顽强地生存、繁衍后代。

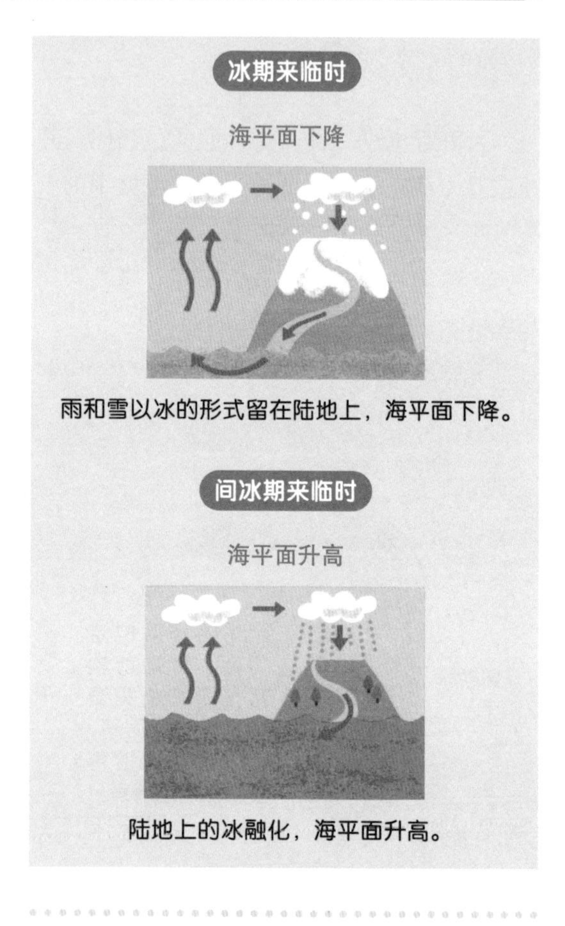

雨和雪以冰的形式留在陆地上，海平面下降。

陆地上的冰融化，海平面升高。

要点在这里！
目前地球所处的冰河期，会反复交替出现冰期和间冰期。

第363页问题答案 干细胞和遗传基因

小测验 在冰河时代中，地球目前所处的变暖的时期叫什么？

鸟类是恐龙的后代吗?

阅读日期(　　年　　月　　日)(　　年　　月　　日)(　　年　　月　　日)

生命　进化

将鸟类和恐龙联系在一起的始祖鸟

过去，人们曾经认为恐龙已经灭绝了。然而，最近的研究表明，恐龙后来进化成了鸟类。为什么会发现鸟类是恐龙的后代呢?

1861年，在德国的侏罗纪(距今2亿~1.45亿年前)后期的地层中发现了“始祖鸟”的化石。始祖鸟全身长满羽毛，有翅膀和喙，具有鸟类的共同特征。

然而，始祖鸟也同时具有一些与其他鸟类不同的特点，例如后来长成翅膀的前肢上有手指，喙里面有牙齿等。实际上，这些都是被归为“兽脚类”的恐龙所具备的特征。因此，有观点认为，始祖鸟是从恐龙到鸟类的进化过程中产生的生物。

长着羽毛的恐龙

能够证明鸟类和恐龙之间存在关系的证据还不止这些。

1996年，在中国的白垩纪(距今1.45亿年~6600万年前)地层中，首次发现了长着羽毛的恐龙的化石。过去人们曾经认为羽毛是鸟类特有的，而此次的发现使人们了解，历史上曾经出现过长着羽毛的恐龙。这是一种叫作“中华龙鸟”的恐龙，羽毛呈褐色或橙色，身上有花纹。

也就是说，目前的观点认为，在侏罗纪的末期，诞生了源于长着羽毛的恐龙的原始鸟类——始祖鸟；在白垩纪，长着羽毛的恐龙和原始的鸟类曾经同时存在于地球上。

要点在这里!

始祖鸟同时兼具鸟类和恐龙的特征。

第364页问题答案

小测验　什么生物使人们了解到鸟类是恐龙的后代?

海底埋着“可燃冰”！

阅读日期（　年　月　日）（　年　月　日）（　年　月　日）

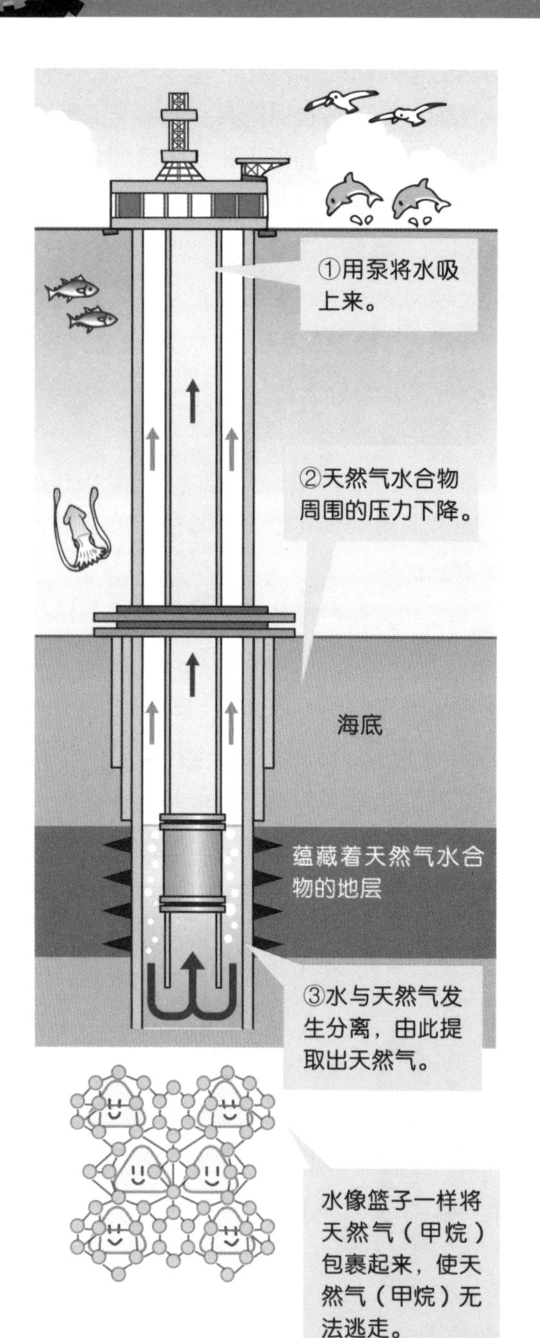

“可燃冰”的真面目

通常情况下，水是不能燃烧的。不但不能燃烧，而且相反，水可以用来灭火。同样的道理，放在冰箱里的冰也不会被火点燃。然而，在地球上，却存在一种叫作“可燃冰”的物质。

“可燃冰”的本质是“天然气水合物”。这是一种由易燃的“天然气（甲烷）”气体与水结合而成的，像冰一样的物质。天然气水合物一旦接近火就会开始燃烧，燃烧后的残留物只有水。

难以开采的资源

据说，在日本附近的辽阔海域，蕴藏着丰富的天然气水合物资源。这对于在能源方面无法做到自给自足的日本而言是一个好消息。然而，天然气水合物位于深海的地下深处，属于非常难开采的物质。虽然人们研究出了将天然气（甲烷）与水分离开，只开采天然气（甲烷）的方法，但目前还存在各种各样的问题。举例来讲，天然气（甲烷）作为“温室气体”，会对大气环境造成负面影响，在使用时需要格外谨慎。

要点在这里！ 海底蕴藏着『可燃冰』，也就是『天然气水合物』。

第365页问题答案 始祖鸟

小测验 被称作“可燃冰”的是什么物质？

有流星雨的时候，为什么能看到很多流星？

阅读日期（　　年　　月　　日）（　　年　　月　　日）（　　年　　月　　日）

彗星与流星雨

流星的真面目是尘埃？

虽然流星的名字里有一个“星”字，但实际上，它的真面目却是飘浮在宇宙空间的砂粒等尘埃。大小从不足0.1毫米到数厘米，重量从数毫克到数十克不等，是非常小的物质。

这些尘埃经过地球时，会以极快的速度飞入笼罩在地球上空的大气层。在距离地面100～150千米的高空与大气中的原子和分子发生碰撞，并在一种被称为“等离子态”的高温状态下发出亮光。这就是我们看到的流星。

拖着明亮的长尾巴的流星，最终会消失在距离地面约70千米的空中。

每年能看到的流星雨

流星分为不定时间和地点出现的流星，和每年固定时间出现的流星。我们将每年在固定时间出现的数量较大的流星称作“流星雨”。构成流星雨的是围绕太阳运动的“彗星”（→p.88）。彗星是含有尘埃的大冰块，接近太阳时受热融化，之后就会残留大量的尘埃。当彗星的运动轨迹横穿地球时，这些尘埃就变成了我们看到的流星。

由于彗星的运动轨迹横穿地球的时间是固定的，我们每年会在差不多的时间里看到流星雨。此外，根据流星雨的出处，有双子座流星雨、英仙座流星雨等以星座命名的流星雨。

要点在这里！

流星雨是由于彗星在太阳的热量下融化，释放出大量尘埃所形成的。

第366页问题答案 天然气水合物

小测验 制造出流星雨的天体叫什么？

皮肤可以用来制造各种脏器！

阅读日期（　年　月　日）（　年　月　日）（　年　月　日）

可以变成任何脏器的细胞

妈妈肚子里的小宝宝，最开始是由一个细胞发育而来的。这个细胞不断分裂，变成心脏、骨骼等各种组织和器官。人们曾经认为变成了肝脏的细胞是无法变成其他脏器细胞的。然而，后来的研究结果表明，在皮肤等处的细胞中，存在一种能够对特定的遗传基因（→p.95）进行组合的细胞，可以应用于身体的任何部位。人们称其为“iPS细胞”（诱导性多能干细胞）。

使用iPS细胞，可以制造出病人体内生病部位的细胞，将其应用于剖析致病原因和新药试验。当身体的某个器官因为生病而无法正常工作时，目前的做法是从其他人的身上获取同样的脏器进行替换（器官移植），但今后或许可以使用利用自体细胞制造出来的脏器。日本研发出iPS细胞的山中伸弥教授也因此获得了诺贝尔生理学或医学奖。

实际制造脏器

制造人类的肝脏时，首先利用皮肤细胞制造出iPS细胞，使之成为即将变成肝脏细胞的细胞，然后向其中加入具有将细胞联结在一起作用的细胞和制造血管的细胞。

这样一来，3个细胞就会联结在一起，并最终发育成肝脏。

除此之外，科学家也正在进行利用iPS细胞制造眼睛“角膜”的试验。

普通的细胞

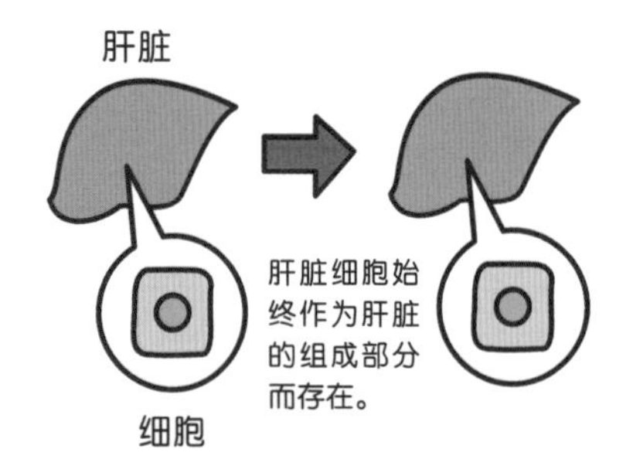

iPS细胞

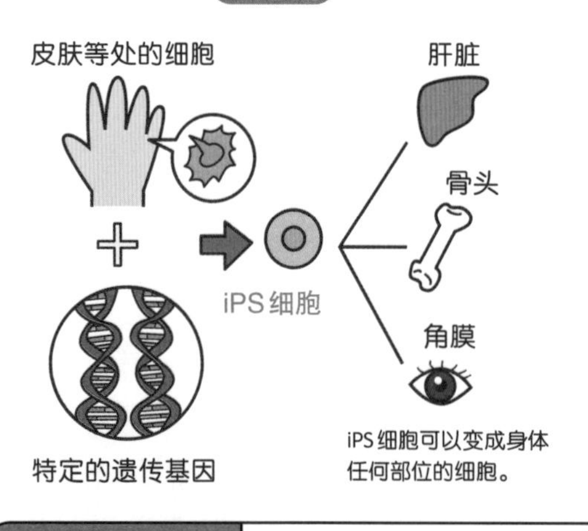

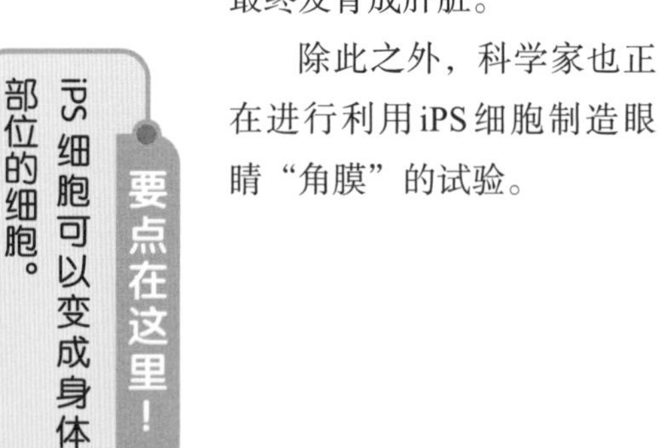

彗星 第367页问题答案

小测验 通过对特定的遗传基因进行组合，可以变成身体任何部位的细胞是什么？

并不是所有的细菌都怕热！

阅读日期（　　年　　月　　日）（　　年　　月　　日）（　　年　　月　　日）

具有耐热蛋白质的细菌

恐怕大多数人都有一个印象，就是细菌惧怕高温。我们有时会用热水对用过的菜板进行消毒。然而实际上，并不是所有的细菌都怕热。在温泉和深海热液喷口处（→p.99），就生活着能够在高温下生存的细菌。

我们将能够生活在55℃以上的环境中的细菌称作“嗜热菌”。进而将其中能够在75℃以上的环境中生存的细菌称作“中等嗜热菌”，将能够在90℃以上的环境中生存的细菌称作“极度嗜热菌”。

不仅大多数细菌怕热，绝大多数生物也是怕热的。这是构成生物体的一种叫作“蛋白质”的物质受热后会被破坏掉的缘故。

然而，嗜热菌由于具有其他生物所没有的耐热蛋白质，能够在高温环境下生存。

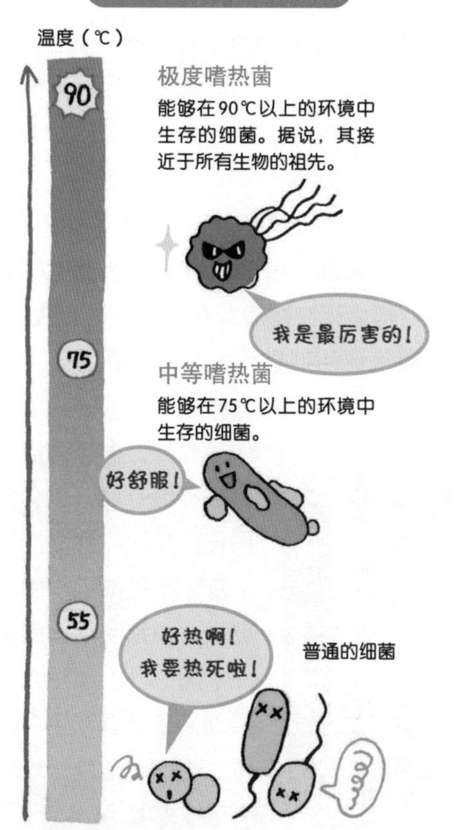

所有生物的祖先？

实际上，有一种说法认为，能够在超高温环境下生存的极度嗜热菌接近于所有生物的祖先。之所以这样说，是因为人们推测，在诞生最初的生命时，地球上也处于温度极高的状态。

所有生物的祖先也被称为“原核生物”（→p.391）。原核生物进化后，就变成了“真核生物”。真核生物包含动物、植物、菌类等。也就是说，有一种观点认为，我们起初都是由极度嗜热菌进化而来的。

对极度嗜热菌的研究也有助于我们了解生物的进化历程。

要点在这里！

在温泉和海底火山等处，生活着能够在高温下生活的细菌。

第368页问题答案
iPS细胞

小测验 能够在90℃以上的环境中生存的细菌叫什么名字？

清洁剂包装上写的“危险！严禁混合使用”是什么意思？

阅读日期（　　年　　月　　日）（　　年　　月　　日）（　　年　　月　　日）

含氯清洁剂与酸性清洁剂

大家一定在家中的清洁剂包装上看到过“危险！严禁混合使用”的字样。这究竟是什么意思呢？

写有“危险！严禁混合使用”的清洁剂包括“含氯清洁剂”和“酸性清洁剂”两种。

含氯清洁剂的主要成分为含氯的物质。例如用于清除浴室和厨房霉菌的清洁剂，以及用于清洁排水泵的清洁剂，都属于含氯清洁剂。此外，用来去除污渍的漂白剂也属于含氯清洁剂。

而酸性清洁剂是含有酸性——也就是带有酸味物质（当然，这些都是不能食用的）的清洁剂。洗手间使用的清洁剂就属于酸性清洁剂。

如果将含氯清洁剂与酸性清洁剂混合在一起，就会产生有毒的氯气。人体吸入这种气体，甚至有可能导致死亡。因此，在含氯清洁剂与酸性清洁剂的包装上，一定会写明“危险！严禁混合使用”的字样。

含氯清洁剂

能够很好地清除霉菌，清理排水管道。

酸性清洁剂

可用于清洁卫生间。还有用于清洁浴室和厨房水垢的产品。

将含氯清洁剂与酸性清洁剂混合在一起，会产生有毒的氯气。

产生有毒气体时

那么，什么时候会产生有毒气体呢？

举例来讲，用含氯清洁剂把卫生间的管道清洁得干干净净后，在清洁剂尚有残留时，使用酸性清洁剂进行大扫除，就会产生有毒气体。

此外，含氯清洁剂与食醋等混合时，也会发生同样的情况。食醋能够用来清除浴室和厨房的水垢。但是，如果刚用食醋清洁完水垢，马上使用含氯清洁剂，还是会产生有毒气体。这样很危险，绝对不要这样去做。

要点在这里！

将含氯清洁剂与酸性清洁剂混合在一起，会产生有毒的氯气。

第369页问题答案　极度嗜热菌

小测验　写着“危险！严禁混合使用”的清洁剂包括含氯清洁剂和什么？

在宇宙中能够发电！

阅读日期（　年　月　日）（　年　月　日）（　年　月　日）

在宇宙中进行太阳能发电

我们平常使用的电，是由发电厂制造出来的。但是目前科学家正在进行一项研究，即利用悬浮在宇宙中的人造卫星——“发电卫星”来发电，并将其产生的电应用于地面。

在宇宙中发电的方法被称为“太空太阳能发电”。

所谓“太阳能发电”，是指利用太阳光产生的能量进行发电的方法。这种方法目前已经应用在世界各地，但遇到阴雨天和夜晚，就没有办法继续发电了。而在宇宙中，就不会受到上述自然条件的限制，可以利用太阳能持续发电。而且在宇宙中进行太阳能发电，其效率相当于地面上的10倍。

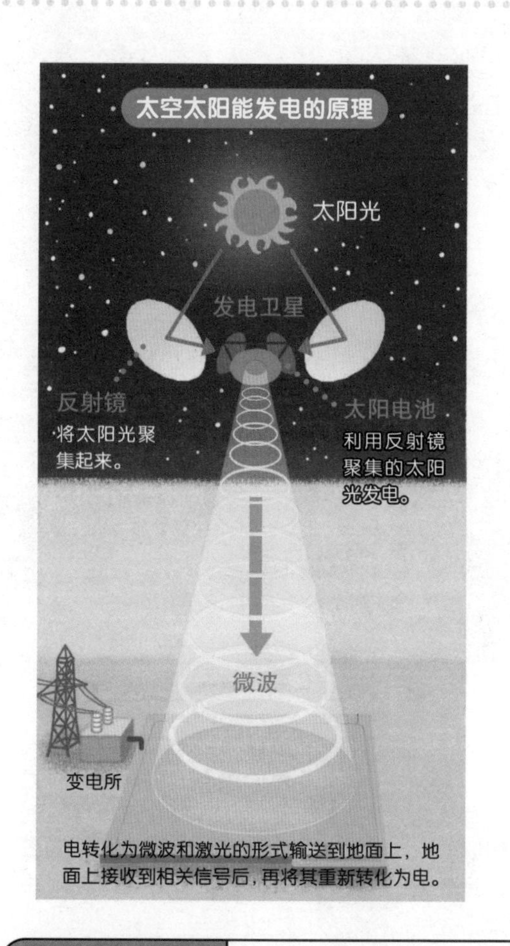

电转化为微波和激光的形式输送到地面上，地面上接收到相关信号后，再将其重新转化为电。

2040年以后能够实现？

通常情况下，发电厂制造出的电通过电线传输到远处。然而在宇宙和地球之间，没有办法架设电线。

于是，人们想到了利用“微波”电波和可以传播到很远处的“激光”。也就是说，将在宇宙中制造出来的电转换为电波和光的形式输送到地面上，再在地面上重新转化为电。但目前的技术水平只能实现短距离的小规模输电。

为了实现太空太阳能发电，需要进一步提升技术水平。此外，用于发电的巨大的发电卫星和用于将发电卫星的材料送上太空的火箭也都需要花费巨额的费用。因此，目前的观点认为，真正实现在宇宙中发电，恐怕要等到2040年以后了。

要点在这里！

目前，正在进行关于在宇宙中利用太阳能发电的『太空太阳能发电』的相关研究。

第370页问题答案 酸性清洁剂

小测验 想要把在宇宙中发的电输送到地面上，需要用到“激光”和什么？

太阳系的形态

我们生活的地球，是围绕太阳运转的“行星”之一。除了地球，太阳系还有另外7颗行星。8颗行星都围绕着太阳运转。

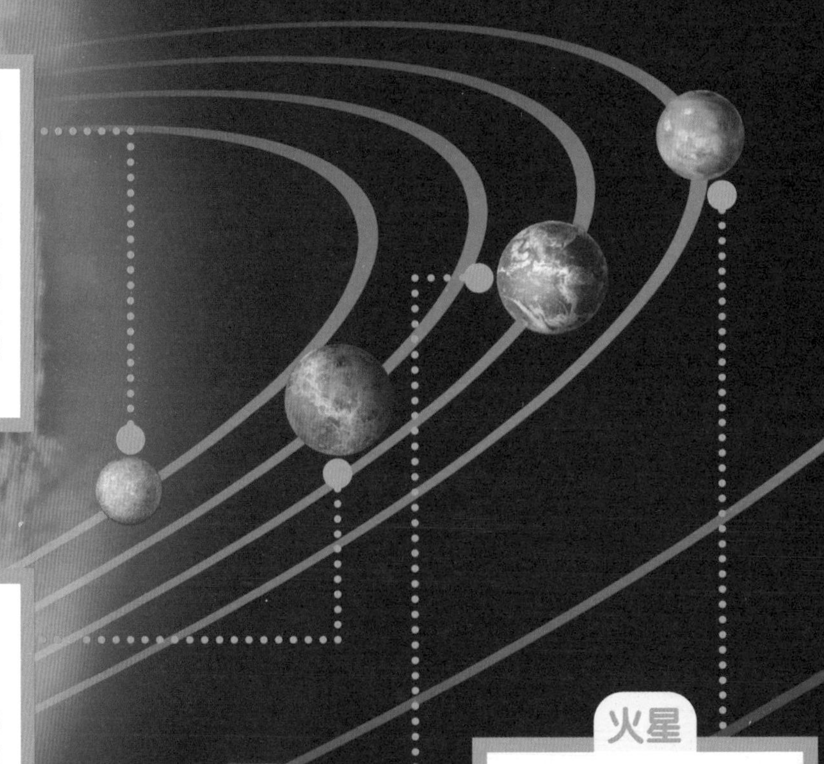

水星

直径：约4879千米
与太阳之间的距离：约5790万千米
沿距离太阳最近的轨道运转。大小约为地球的五分之二，表面存在大量陨石撞击所形成的凹陷。是一颗太阳日的“一天”比“一年”还要长的行星。

金星

直径：约12,104千米
与太阳之间的距离：约10,820万千米
是紧邻地球的行星，在黎明和傍晚的天空中，我们看到的最亮的那颗就是金星（→p.303）。金星表面覆盖着厚厚的云层，表面温度可高达470℃，是一颗炙热的行星。

地球

直径：约12,756千米
与太阳之间的距离：约14,960万千米
我们生活的行星。与太阳之间的距离恰好能够使水以液体状态存在，是孕育了各种生命的行星。

火星

直径：约6792千米
与太阳之间的距离：约22,790万千米
地球的另一个邻居。在其表面发现了水流过的痕迹，被认为过去有可能有水存在。拥有太阳系中最大的火山——奥林帕斯山（→p.41）。

海王星

直径：约49,528千米
与太阳之间的距离：
约450,440万千米
是沿太阳系最外侧轨道运行的行星。由于海王星距离太阳较远，据说，其表面温度为-200℃以下，是一颗非常寒冷的行星。因为表面的气体层里含有比天王星更多的甲烷，海王星看上去呈现出比天王星更深的蓝色。

天王星

直径：约51,118千米
与太阳之间的距离：
约287,500万千米
表面的气体层中包含具有吸收红色光性质的甲烷，表面看上去是蓝色的。此外，天王星的自转轴与公转面之间的夹角大于90度，是太阳系中唯一一颗以躺着的姿势绕太阳运行的行星（→p.311）。

木星

直径：约142,984千米
与太阳之间的距离：
约77,830万千米
是太阳系最大的行星，几乎全部由气体构成，没有像地球上一样的陆地（→p.48）。其特点在于表面呈条纹状，那是飘浮在木星天空中的云的样子。

土星

直径：约120,536千米
与太阳之间的距离：
约142,940万千米
与木星一样，几乎全部由气体构成，是一颗可以浮在水面上的很轻的行星（→p.342）。其特点在于：四周有一个巨大的环。这个环主要是由冰粒集结而成的，厚度仅为数百米（→p.71）。

地球上发生的各种现象

在地球上，由于地球本身的活动等原因，会发生各种现象。其中既有景色十分美丽的现象，也有对我们而言十分危险的现象。

火山喷发

位于地球内部，熔解后黏糊糊的高温岩浆会偶尔从山口喷发出来（→p.318）。

极光

来自太阳的带电粒子与地球上的空气发生碰撞时，将天空辉映得绚丽缤纷（→p.406）。

地震

威胁到我们生活的地震，是由于覆盖在地球表面的“板块”的运动引发的（→p.276）。

雷电

雷电的真面目是电。云中产生的电，在向地面流动的过程中发出剧烈的声音和明亮的光（→p.178）。

12 月故事

摆在商店里的暖宝宝为什么不会发热？

阅读日期（　　年　　月　　日）（　　年　　月　　日）（　　年　　月　　日）

物体的性质变化

包装袋的作用

摸一摸、揉一揉就会自己发热的暖宝宝，为什么摆在商店里的时候，即使摸一下也不会发热呢？

其实，只要装在暖宝宝里面的材料不接触空气，就不会发热。暖宝宝的包装袋就起到了隔绝空气，防止里面的材料接触空气的作用。

一次性暖宝宝内部

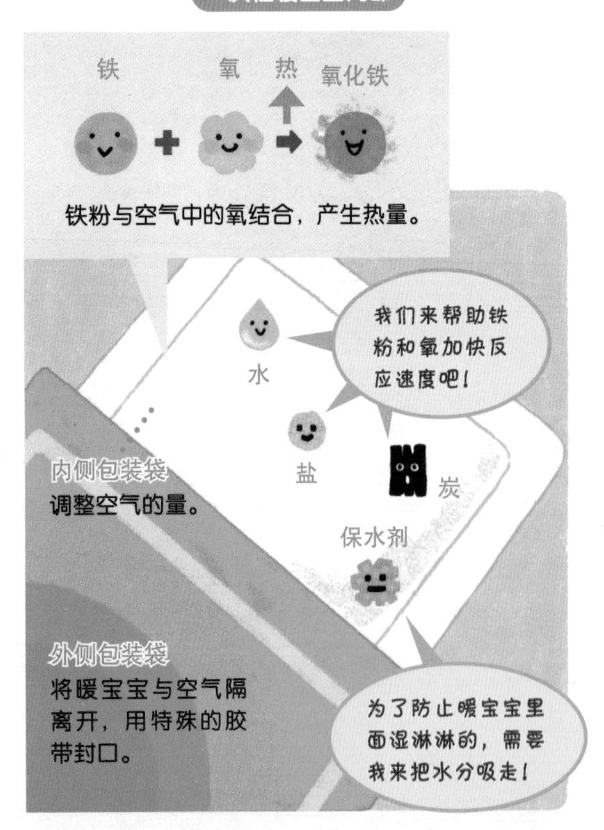

暖宝宝的发热原理

大家见过生锈的铁钉吗？实际上，从包装袋里拿出来使用的暖宝宝，内部也发生了与铁钉生锈一样的变化。

在暖宝宝内部，装有铁粉、水、盐和炭等物质。铁接触空气后，与空气中的氧结合，就会生锈（形成一种叫作“氧化铁”的物质）。并且，在生锈的过程中会产生热量。

铁钉在生锈的过程中，也会产生这种热量。但因为反应速度较慢，热量会不断地从表面流失，所以铁钉不会变热。

而在一次性的暖宝宝里，由于加入的是铁粉，发生反应的表面积变大了。此外，还加入了水、盐、炭等帮助铁与氧结合的物质。这样一来，就使得铁集中、迅速地生锈，并由此产生大量的热量。

要点在这里！

一次性暖宝宝通过铁粉与空气结合产生热量。

微波　第371页问题答案

小测验　暖宝宝的外包装袋可以保护其内部材料不接触什么物质？

电是如何产生的?

阅读日期(　　年　　月　　日)(　　年　　月　　日)(　　年　　月　　日)

产生电的电磁诱导

我们在生活中每天都离不开各种各样的电器。这些电器使用的电是由发电厂制造出来，然后通过电线输送到我们家里的。那么，发电厂究竟是如何发电的呢?

在发电厂，有一个叫作“发电机”的设备，里面安装着巨大的感应线圈和磁体。一圈一圈缠绕着导线的东西是感应线圈。在感应线圈的附近移动磁体，就会产生电。这种现象叫作“电磁诱导”。发电机正是利用安装在线圈中的磁体的旋转来实现发电的。

使磁体旋转的方法

有若干种方法可以使发电机中的磁体旋转起来。目前最常用的，是使用天然气、煤炭、石油等作为动力。

首先，用这些燃料将锅炉点燃，让水沸腾，由此产生蒸汽带动“汽轮机”的叶轮，使其转动。通过这样的方式使安装在发电机内部的磁体旋转。

利用这种原理发电的发电厂叫火力发电厂。还有利用“铀”为燃料，采用与火力发电厂同样的原理让水沸腾，从而带动汽轮机、进而带动磁体旋转的发电厂，叫作核能发电厂。

除此之外，还有利用从高处落下的水的力量发电的水力发电厂；利用风力驱使风车转动，从而使磁体旋转的风力发电场。不过，太阳能发电的原理与电磁诱导是不一样的。

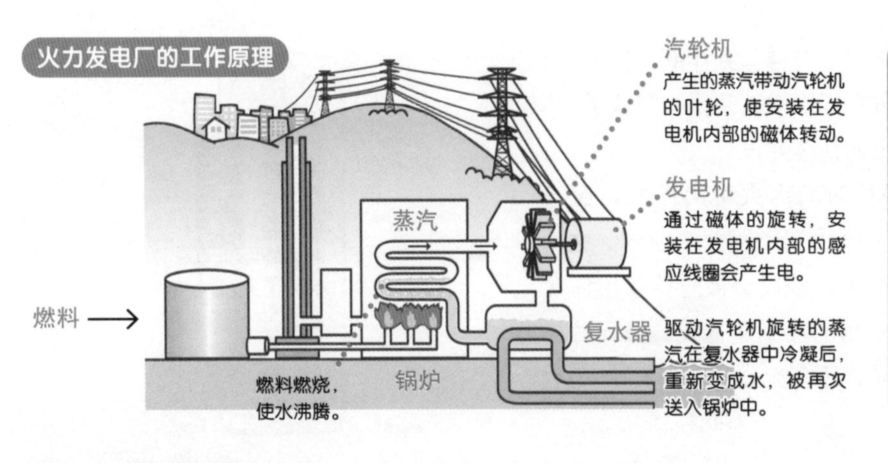

要点在这里！

发电厂采用各种方法使安装在感应线圈内的磁体发生旋转，从而实现发电。

第376页问题答案
空气（氧）

小测验 在感应线圈的附近移动磁体，就会产生电的现象叫什么?

为什么汗液干了之后会有咸味?

阅读日期（　年　月　日）（　年　月　日）（　年　月　日）

汗液中夹杂着盐

在炎热的夏季，或者运动后，我们会出很多的汗。试着舔一舔汗液，会发现它有点儿咸。这究竟是为什么呢?

汗液中约99%是水，剩余的1%中包括体内的糖分分解后形成的“乳酸”、尿液中大量含有的“尿素”，以及盐分。也就是说，因为汗液中含有少量的盐分，所以尝起来会觉得有点儿咸。

汗液原本来自血液，由于血液中含有盐分，汗液中也就同样夹杂了盐分。

汗液里面含有少量的盐分。

也有不咸的汗液

汗液通过遍布全身的约200万个“汗腺”从体内排出（→p.131）。汗腺从血管中吸收血浆。血浆是构成血液的成分之一。然后，从血浆中吸收人体所需的成分，使血浆返回血管中，废弃物作为汗液流出。

汗腺的形态像管子一样。当汗液量较少、流动缓慢时，盐分在汗腺中就几乎被吸收了。此时，皮肤上渗出的汗液并没有咸味。但是，在剧烈运动后等短时间内大量出汗的情况下，汗腺无法充分吸收其中所含的盐分。这样一来，含有盐分的汗液就会被直接排出体外。因此，运动后出的汗都非常咸。擦汗时擦掉的不仅有水分，还有盐分。

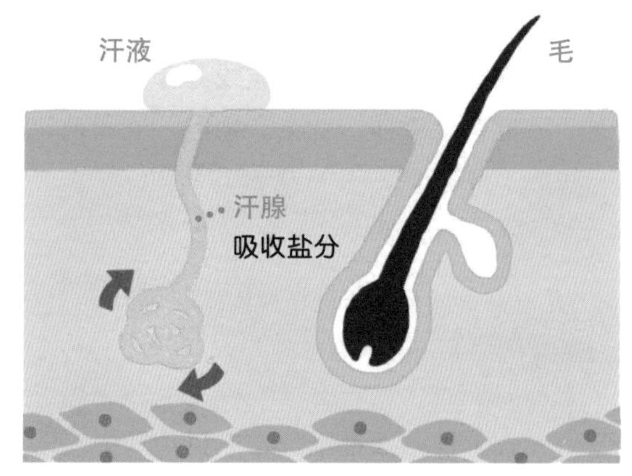

少量出汗时，盐分在汗腺中就几乎被吸收了。当短时间内大量出汗时，盐分无法被汗腺充分吸收，就会直接被排出体外。

要点在这里！ 由于汗液中夹杂了人体内的盐分，会有点儿咸。

电磁诱导 第377页问题答案

小测验 汗液从体内排出的地方叫什么?

人体内的血管连起来，长度可以绕地球两周半！

阅读日期（　　年　　月　　日）（　　年　　月　　日）（　　年　　月　　日）

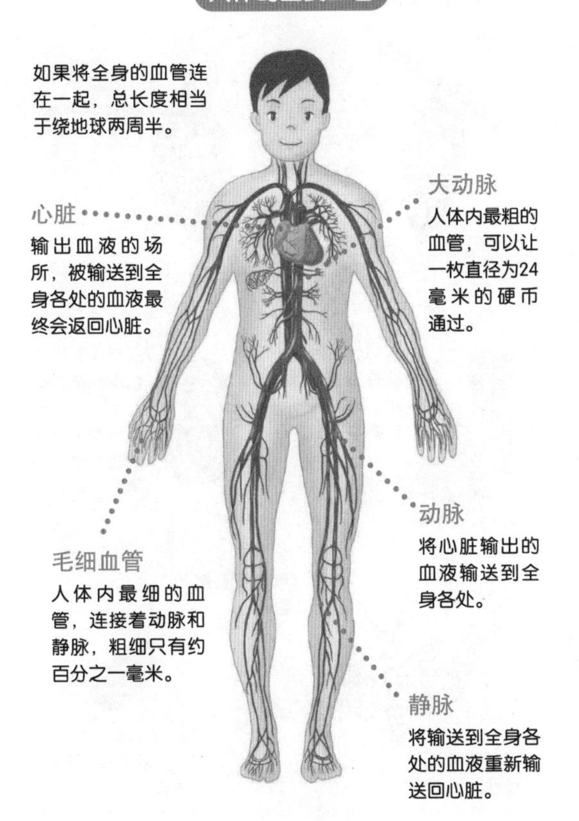

要点在这里！

如果将人体内的全部血管连在一起，总长度大约有10万千米，相当于绕地球两周半。

从心脏通向全身

仔细观察手背，会看到青色的管子。这就是血管，是血液（→p.191）流动的通道。人体内有许多血管。

将血液从心脏输送到全身各处的血管叫作“动脉”，将输送到全身各处的血液重新输送回心脏的血管叫作“静脉”（将血液输送到肺部的血管叫作肺动脉，使血液从肺部返回的血管叫作肺静脉）。

我们在手背上看到的血管是静脉。动脉位于皮肤深处，其绝大部分是无法从外面直接看到的。在所有的血管中，最粗的是一根叫作“大动脉”的血管。大动脉是位于心脏附近的动脉，粗细可以让一枚直径为24毫米的硬币通过。

此外，距离心脏较远的血管，越是接近手脚的末端，血管就分得越细，呈网状分布。这就是人体内最细的血管，我们称之为“毛细血管”。毛细血管连接着动脉和静脉，粗细只有约百分之一毫米。

如果将全身的血管连在一起

如果把一个成年人全身的血管连在一起，长度大约有10万千米。地球的周长约为4万千米，也就是说，其长度相当于绕地球两周半。这其中，95%是毛细血管的长度。据说，血液在全身循环一遍所需的时间为30秒到1分钟。

第378页问题答案　汗腺

小测验　人体内最粗的血管叫什么？

结草虫是一种什么样的虫子?

阅读日期（　年　月　日）（　年　月　日）（　年　月　日）

雌性和雄性的形态完全不同

结草虫是一种叫作蓑蛾的蛾子的幼虫。它们会从嘴里吐出丝，将树叶和细细的树枝“缝”在一起，做成口袋形状的护囊（巢）。

结草虫变成成虫蓑蛾后，雌性和雄性的形态完全不同。

在每年的四五月间，结草虫会在护囊内变成“蛹”的形态，开始变身（→p.152）。

大约一个月后，雄性会变成有翅膀的成虫，从护囊中钻出，此时的雄性蓑蛾已经不再具有用来进食的嘴了。它会在不进食的状态下到处寻觅雌性，完成交尾后死去。

而雌性蓑蛾则变成了既没有嘴也没有翅膀的成虫，且不会离开护囊。雌性靠散发出特殊的气味来召唤雄性，在护囊中进行交尾和产卵。产卵后的雌性蓑蛾在孵化幼虫时，会从护囊中掉下来死去。

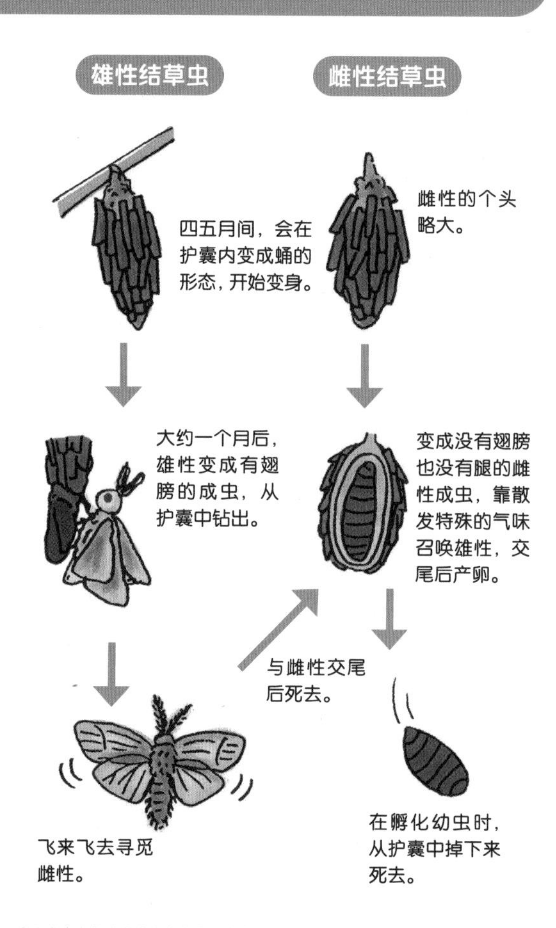

使卵壳逐渐变大

由卵孵化而成的幼虫顺着吐出的丝垂下来，移动到新的树枝和叶片上。然后将其啃咬下来用于制造自己的护囊。随着幼虫逐渐变大，它会不断添加新的叶片，使护囊不断变大。

到了秋季，结草虫为了度过寒冬，会对护囊进行进一步加固。在护囊中安然无恙地度过冬季，待春季到来时，它会再次变成蛹。

要点在这里！

结草虫是一种叫作蓑蛾的蛾子的幼虫，雌性和雄性的形态完全不同。

大动脉 第379页问题答案

小测验 变成成虫后，不会离开护囊的是雌性结草虫还是雄性？

可以用声音去除污渍！

阅读日期（　　年　　月　　日）（　　年　　月　　日）（　　年　　月　　日）

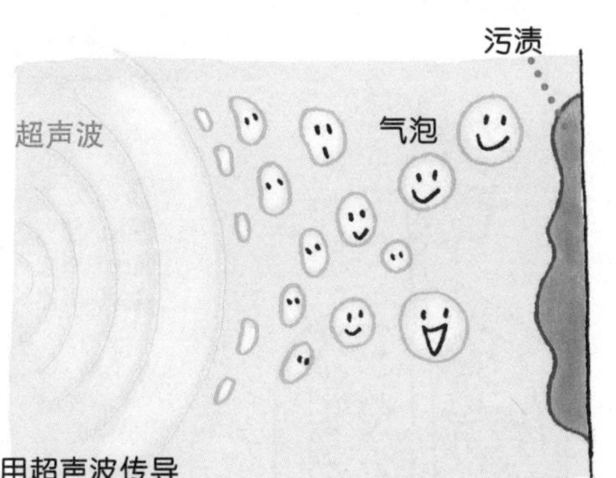

利用超声波传导后，液体内部会出现很多小气泡。

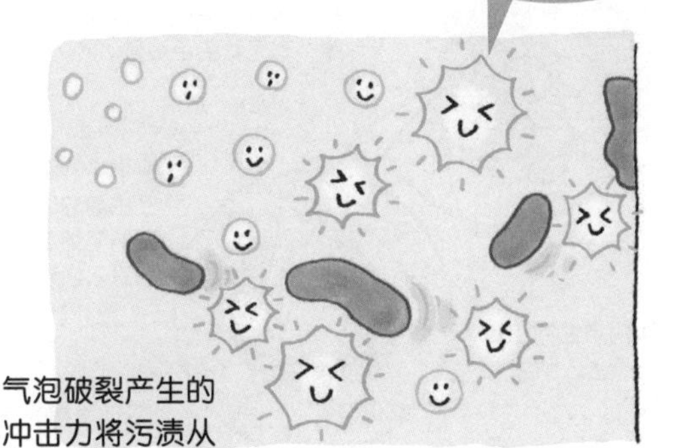

气泡破裂产生的冲击力将污渍从物体上剥离下来。

人类听不到的超声波

我们知道，声音其实就是空气的振动。当有物体发生振动时，周围的空气也会随之产生振动，这种振动就会以声音的形式传到我们的耳朵里。

一秒内振动的次数越多，声音就越高。但是，我们的耳朵能听到的声音的频率是有限的。每秒振动2万次以上的声音被称作“超声波”（→p.141），这种声音我们用耳朵听不到。利用超声波可以去除物品上的污渍。

利用泡沫破裂进行清洁

超声波在水等液体中进行传播时，所产生的振动会使液体产生大量的小气泡。这些气泡发生撞击后会马上破裂，产生小小的冲击力。这种冲击力能够将污渍从物体上剥离下来。当超声波的振动频率加大时，去污能力也会随之增强。

此外，在使用超声波进行洗涤时，配合使用合适的清洁剂，能够进一步提升清洁效果。

使用超声波，能够将手洗或刷子无法清洁到的角落清洁干净。并且在洗好后也几乎不会留下斑点。因此，超声波经常被用于清洗眼镜、首饰、机械零件等。

要点在这里！

利用超声波在水等液体中进行传导，会产生小气泡，利用这些气泡破裂产生的冲击力将污渍从物体上剥离下来。

第380页问题答案

小测验 每秒振动2万次以上，人们无法听到的声音叫什么？

为什么人不呼吸就会死?

阅读日期（　　年　　月　　日）（　　年　　月　　日）（　　年　　月　　日）

吸收空气中的氧

你有没有和朋友比过，看谁能在游泳池里潜水更久？人类生存离不开呼吸。人在水下会变得很难受，不能长时间潜在水下。

在我们平常吸入的空气中，含有一种叫作“氧”的气体（→p.44）。氧气在我们人类的生存方面发挥着重要的作用。

从口鼻吸入的空气，经过位于喉咙深处的气管，被输送到位于胸部的肺里面。气管在肺部分出许多分支，分支末端有无数个叫作“肺泡”的小口袋。空气中的氧通过遍布在肺泡表面的毛细血管进入血液，被输送到全身各处。

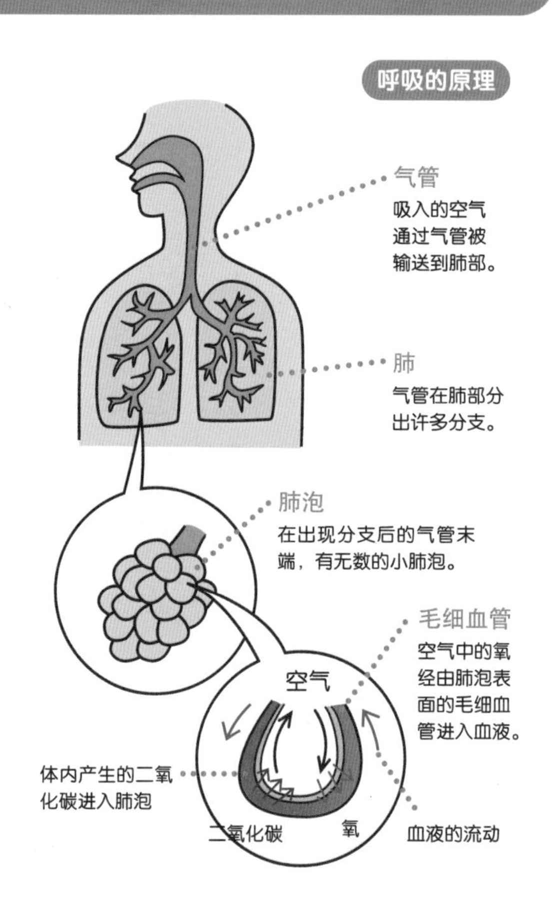

制造出能量

被输送到全身各处的氧，与体内的营养成分发生反应，制造出能量。人类凭借这些能量，使身体活动起来。

消耗能量最大的是脑。当脑供氧不足时，就无法产生能量，也就无法很好地工作和生活。这样一来，身体的各项功能会停止运行，人就会死亡。脑供氧不足的状态也被称为“缺氧”。

此外，人体在吸收氧制造能量时，会产生一种叫作“二氧化碳”的气体。二氧化碳会进入肺泡中，最终通过口鼻排出体外。

要点在这里！

人脑一旦出现供氧不足，就无法很好地工作、生活，会使身体机能停止运转，最终导致死亡。

超声波　第381页问题答案

小测验　位于气管末端的小口袋叫什么名字?

为什么鱼儿在结冰的海里也不会被冻住？

阅读日期（　　年　　月　　日）（　　年　　月　　日）（　　年　　月　　日）

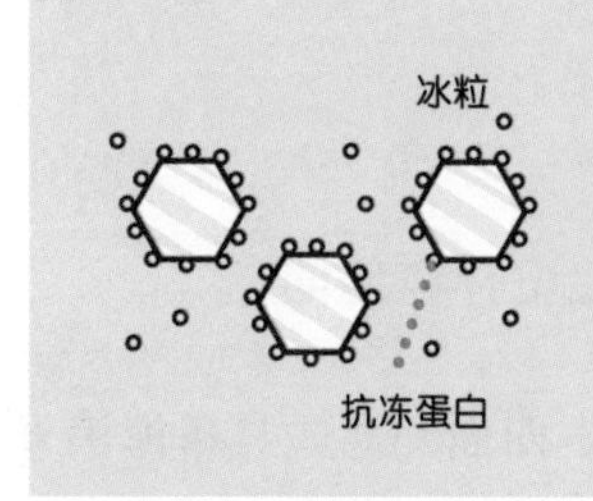

当细胞内出现冰粒时，抗冻蛋白会聚集在冰粒的表面，防止冰粒变大。

如果没有抗冻蛋白

冰粒结合在一起变大，体液会被冻住。

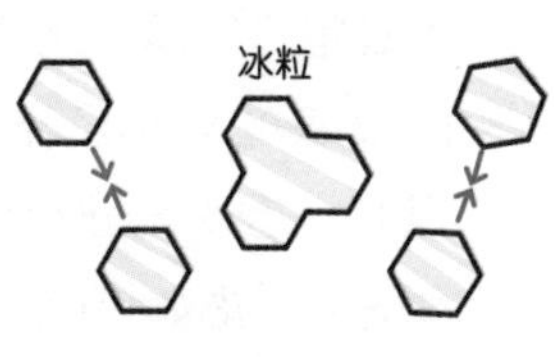

具有抗冻蛋白

在北极和南极的海里，水温常年低至零度以下，海面上覆盖着厚厚的冰。但是，在这样冰冷的海水里，也有鱼儿游来游去。这些鱼为什么不会被冻住呢？

原因就在于鱼体内的血液（体液）等液体。首先，鱼的体液中混合了食盐等各种物质。因此，在接近零度时，体液也不会结冰。

与此同时，在鱼的体液中，还含有一种叫作“抗冻蛋白”的物质。当鱼的细胞内出现冰粒时，抗冻蛋白就会聚集在冰粒表面。通过这种方式，防止冰粒结合在一起逐渐变大，也就防止了细胞内外的体液结冰。

抗冻蛋白的利用

在我们身边，也有许多生物具有抗冻蛋白，并被人类加以利用。举例来讲，萝卜苗中所含有的抗冻蛋白就被用于制作速冻食品。

将肉类长时间存放在冰箱里，肉类的细胞会被破坏，解冻时，细胞中的液体（肉汁）会向外渗出，破坏食物的口感。然而，如果在其中添加抗冻蛋白，肉汁则会被保存下来。

此外，速冻乌冬面在冰箱中会风干，失去水分，导致其表面变白，使用抗冻蛋白也可以解决这一问题。

要点在这里！

居住在南极和北极地区海里的鱼类，体液中含有抗冻蛋白，因此不会被冻住。

第382页问题答案　肺泡

小测验　生活在结冰的海里的鱼类，体液中含有的什么物质能够防止冰粒变大？

海浪可以发电！

阅读日期（　　年　　月　　日）（　　年　　月　　日）（　　年　　月　　日）

利用海浪的力

制造出电的过程叫作“发电”。发电的方法包括：利用火对水进行加热产生蒸汽，驱动汽轮机（有像巨大的电风扇一样的叶轮）转动的“火力发电”、利用河流或水坝等的水流产生的力驱动汽轮机转动的“水力发电”，以及利用核能（→p.335）产生的热量制造出的水蒸气驱动汽轮机转动的“核能发电”等。

有一种利用海浪产生的力驱动汽轮机转动的发电方式，我们称为“海浪发电”。这种方法是利用海洋的能量制造出电。

海浪发电分为几种，其中应用最广泛的是一种叫作“振荡水柱型”的方法。这种方法利用海浪的进退起伏，使位于“空气室”内的空气产生流动，并利用这种空气流动驱动汽轮机转动发电。

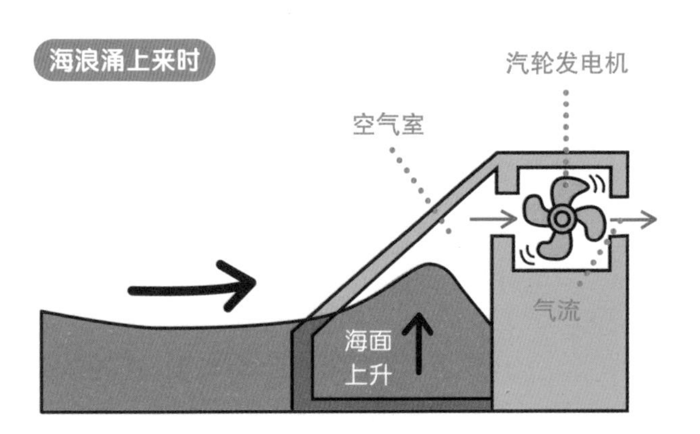

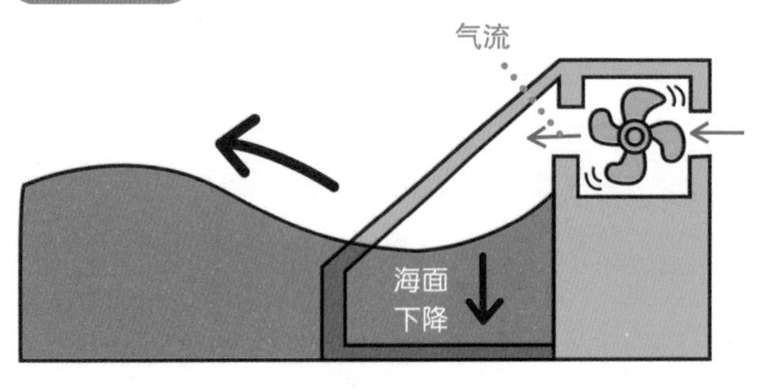

海浪进退起伏，使位于空气室内的空气产生流动，从而驱动汽轮机转动发电。

海浪发电存在的问题

日本四面环海，具备海浪发电的环境。然而，海浪发电存在所需设备费用较高、海浪状态导致发电不稳定等问题。此外，有观点认为，海浪发电会对海洋生物产生影响。因此，想要充分利用海浪发电，必须先要考虑如何应对上述问题。

要点在这里！

利用海浪的力量驱动汽轮机转动发电的方法叫作海浪发电。

第383页问题答案 抗冻蛋白

小测验 利用海浪产生的力驱动汽轮机转动的发电方式是什么？

有一种和父母一模一样的牛？

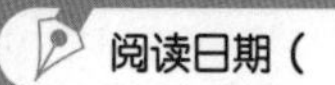

阅读日期（　　年　　月　　日）（　　年　　月　　日）（　　年　　月　　日）

普通的牛

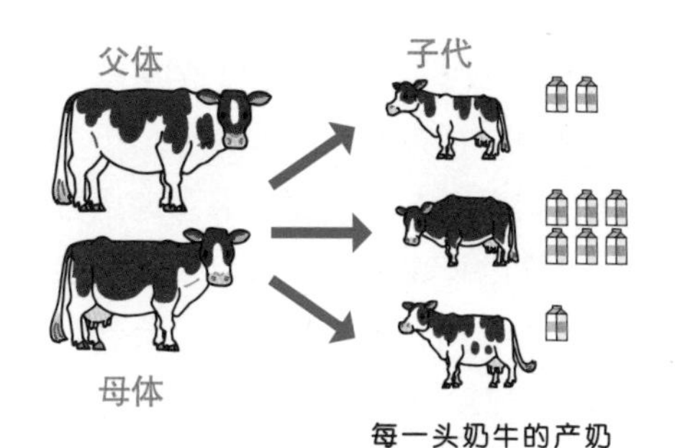

每一头奶牛的产奶量都不一样。

克隆牛

通过复制产奶量大的奶牛的基因，繁衍后代。

复制父母的特征

一般有雌雄两种性别的生物，出生时都会带有来自父体和母体的遗传基因（→p.95）。因此，孩子的身上虽然会有某些与父母很相似的特征，却又不会完全相同。但是，利用一种叫作“克隆”的技术，能够“复制”出与父母其中一方的特征完全一致的孩子。

让我们以牛为例想一想。每一头肉牛的肉质、每一头奶牛的产奶量都不一样，但是如果使用克隆技术，就能消除这种差异。也就是说，可以通过复制肉质好的牛和产奶量高的牛的基因，帮助它们繁衍后代。这种利用克隆技术制造出来的子代被称为“克隆生物”。

制造哺乳类的克隆生物

制造哺乳类克隆生物的方法有两种。一种方法是将父体的精子与母体的卵子合二为一，形成一种叫作“受精卵”的细胞。

还有一种方法是利用已经成熟的父母一方的体细胞。使用受精卵的方式只能制造出数量有限的几个克隆生物，而使用体细胞，则可以实现无限克隆。

1996年，克隆羊“多莉”成为世界上第一例经体细胞核移植出生的动物。此后，美国、法国等国家相继报道了体细胞克隆牛成功的消息。目前，除了绵羊和牛，科学家们还克隆出了老鼠、猴子等生物。

要点在这里！

使用克隆技术，可以『制造』出完全复制父母其中一方特征的牛。

第384页问题答案
海浪发电

小测验 世界上首次使用体细胞克隆出的是什么动物？

雪崩是如何发生的?

阅读日期（　　年　　月　　日）（　　年　　月　　日）（　　年　　月　　日）

方式各异的雪崩

雪崩是指堆积在山坡上的积雪变重后滑落的现象。根据产生方式，可以分为“表层雪崩”和“全层雪崩”两种。

堆积在山坡上的积雪上面再堆积新的积雪，新雪从旧雪上滑落的现象属于表层雪崩。这类雪崩容易发生在寒冷、降雪较多的冬季。雪崩时积雪的滑落速度与新干线的速度不相上下，并且，雪可以滑落到很远的地方。

而在初春时节，容易发生全层雪崩。由于气温升高，积雪整体坍塌并滑落下来。即便不是在初春时节，只要气温急速上升，发生全层雪崩的概率就会增大。发生全层雪崩时，由于雪量大且重，因此不会滑到很远的地方，滑落速度与汽车的速度相当。

表层雪崩

速度与新干线相仿

降雪受冻凝结成块

可以滑到很远的地方

全层雪崩

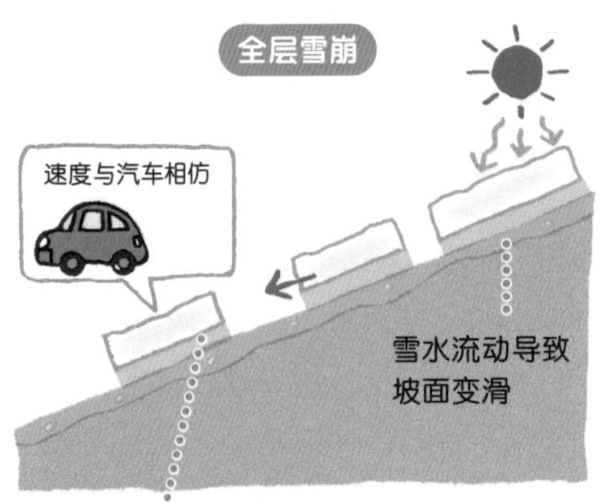

容易发生雪崩的地方

容易发生雪崩的地方具备如下两个特点。

第一，坡面的角度较陡。高级滑雪者使用的雪道，坡面角度一般约为30度，超过这个角度就容易发生雪崩。

第二，坡面上基本没有树，即便有，也是较矮的树种。与此相反，从某种程度上讲，在高大树木密集生长的坡面则不容易发生雪崩。

一旦遭遇雪崩，人类和动物都有可能会丧命。因此，在有积雪的山上，要注意避免靠近容易发生雪崩的山坡，还要密切关注该地区是否发出了“雪崩预警”。

要点在这里！

雪崩是指堆积在山坡上的积雪变重后滑落的现象。

第385页问题答案　羊

小测验　堆积在坡面上的积雪整体坍塌滑落的现象叫表层雪崩还是全层雪崩?

一氧化碳中毒是怎么回事？

阅读日期（　　年　　月　　日）（　　年　　月　　日）（　　年　　月　　日）

与血红蛋白结合的不是氧气而是一氧化碳（一氧化碳与血红蛋白的亲和力高于氧气）。

要点在这里！

吸入一氧化碳后，会引发头痛、眩晕、呕吐等症状，这就是一氧化碳中毒。

在氧气不足的状态下发生了燃烧

家里的大人有没有告诉过你，在使用煤油炉的时候，要打开房间的窗户？这么做是因为使用煤油炉有可能引发一氧化碳中毒。那么，一氧化碳中毒究竟是怎么回事呢？

石油、煤炭、煤气等燃烧时，会产生二氧化碳。但是，一旦氧气不足时，就会产生大量的一氧化碳。

我们知道，物体燃烧离不开氧气。氧气充足当然最好，但有些时候，物体会在氧气不足的情况下发生燃烧，我们称之为“不完全燃烧”。煤油炉、小型炉灶和热水器等容易发生不完全燃烧，产生一氧化碳。

此外，着火时产生的烟中也含有大量的一氧化碳。

与血红蛋白结合在一起

我们通过呼吸获得的氧气，会与血液中的血红蛋白相结合，被输送到全身各处（→p.191）。

然而，如果在呼吸时吸入了一氧化碳，与血红蛋白结合的就不是氧气而是一氧化碳了。那样会使氧气不能被很好地输送到全身各处，进而引发头痛、眩晕、呕吐等症状。这就是一氧化碳中毒，严重时甚至会导致死亡。因此，在使用煤油炉等物品时，一定要保证房间里空气流通。

第386页问题答案　全层雪崩

小测验　物体在氧气不足的情况下发生的燃烧叫什么？

生活在寒冷地区的动物体形更大！

阅读日期（　年　月　日）（　年　月　日）（　年　月　日）

保持热量的身体构造

保持体温稳定的动物被称为“恒温动物”。包括我们人类在内的哺乳类动物和鸟类都属于恒温动物。

在恒温动物中，有这样一条规律：越是生活在寒冷地区的动物，体形就越大，体重也越重。

的确，生活在东南亚地区马来半岛上的马来熊身长约为1米，而生活在北极圈的北极熊身长则接近3米。同属于熊类，为什么会有这样的差别呢？

这是为了与它们各自的生存环境相适应。想要在寒冷的地区生存下去，就必须要保证体内的热量不流失。如果体形较大，相对体重而言，身体表面积所占的比例会变小，热量不易流失。正是这个原因，选择在寒冷地区生活的恒温动物的身体正在出现巨大化的趋势。

易于散热的身体构造

此外，还有一条规律就是，在相同或相似的物种中，越是生活在寒冷地区的物种，耳朵、尾巴等突出在身体外部的部位就越小，而生活在温暖地区的物种，这些突出的部位则长得很大。

举例来讲，生活在北极圈的北极狐，耳朵和尾巴都很小，而生活在非洲的狐狸则有着大大的耳朵和长长的尾巴。

这是在寒冷地区，动物要尽量避免热量流失，而在温暖地区，动物需要使体内的热量尽快散发出去的缘故。

要点在这里！

恒温动物为适应生存环境而改变了身体构造。

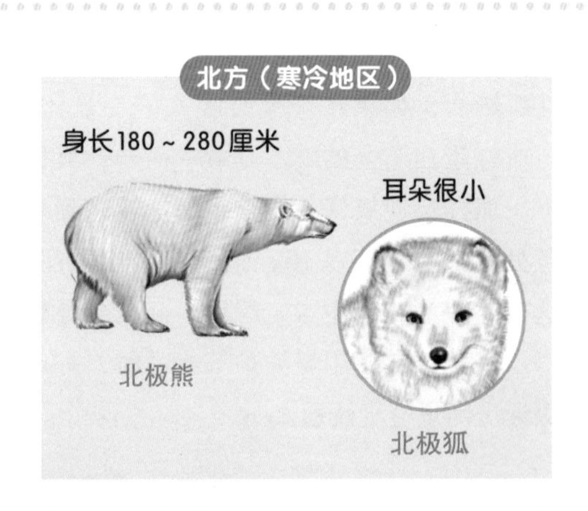

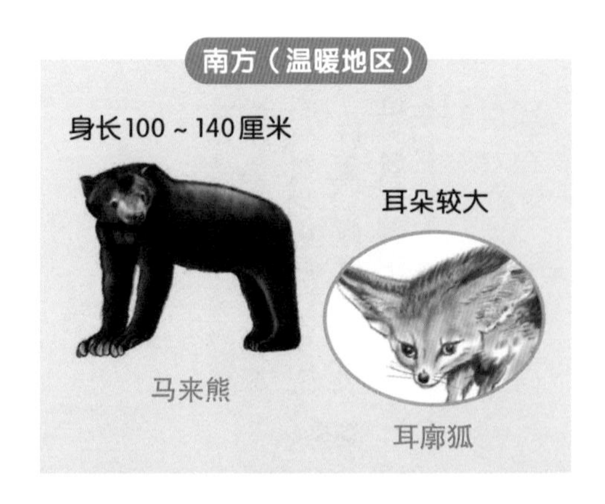

不完全燃烧
第387页问题答案

小测验 居住在寒冷地区的动物和居住在温暖地区的动物，谁的耳朵和尾巴更大？

根据南极的冰可以推测出很久以前的气候状况！

阅读日期（　　年　　月　　日）（　　年　　月　　日）（　　年　　月　　日）

要点在这里！

对南极的冰进行采掘，研究封闭在冰里的空气成分，能够了解到很久以前地球上的气候变化。

被封闭在冰里面的空气

南极是一块被巨大的冰层覆盖的大陆。这些巨大的冰层（冰盖）是降下的积雪在漫长的历史过程中逐渐变硬形成的。因此，冰盖分为若干层，其中最厚的地方约为4000米。

在冰盖里，封闭着降雪时存留的空气。据说，冰盖上最古老的冰层形成于距今约100万年前，因此，在这些冰层中，保存着约100万年前的空气。如果能将这些冰采掘出来，就能够分析出很久以前地球上的空气状态。

采掘冰层进行研究

冰盖在自身重量的作用下，会向海拔较低的海域缓慢移动。并且，最终会变成冰山漂在海里。

但是，在南极的海拔最高点，冰盖很难流向海洋，环境十分适合冰盖完整保存。日本在这个地方采掘出了约3000米长的冰块，其末端是距今约72万年的冰。从这些冰中，人们了解到，随着气温的变化，空气中的二氧化碳含量也发生过变化。

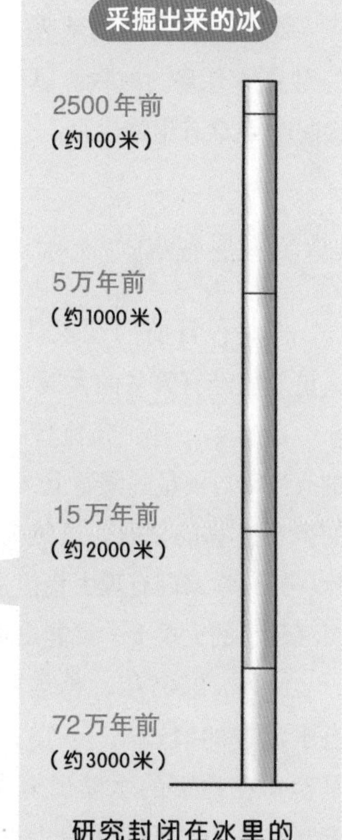

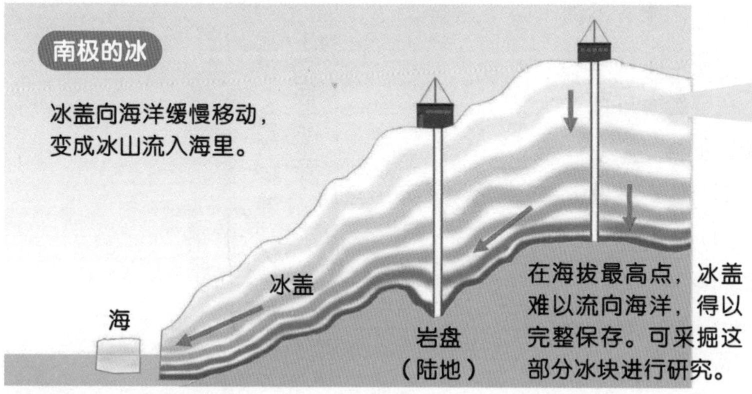

小测验 覆盖着南极的巨大冰层叫什么？

第388页问题答案 温暖地区的动物

火星适合生物生存吗?

阅读日期（　年　月　日）（　年　月　日）（　年　月　日）

地球

太阳系

火星是个什么样的地方?

火星是一个由岩石和砂土构成的像沙漠一样的世界。火星的体积仅为地球的一半左右，能够吸引大气留在地面上的重力也仅约为地球的40%。并且，由于无法抵挡来自太阳的“太阳风”（→p.406），火星的大气会逐渐散失到宇宙中。目前，火星上的大气浓度仅为地球上的1%左右。火星大气中几乎全部是二氧化碳，仅含有极少量人类呼吸所需的氧。

此外，在火星的地表，有大量来自宇宙的对身体有害的射线。基于这一点考虑，在火星上很难有生物生存。

火星上也有水?

但是，目前的观点认为，在很久以前，火星上曾经有大量的大气、流动的水和海洋。

1996年，有一条流传甚广的新闻，说从被认为来自火星的陨石上，发现了肉眼看不到的微小生物的化石。虽然尚不确定化石的真伪，但科学家们有理由相信，在曾经有过微量氧气和水的火星上，可能出现过生物。

此外，2005年，科学家们发现了火星上有水流过的痕迹（→p.153）。目前认为，这是蓄积在地下的水喷出来了的缘故。因此，有观点认为，假设火星上存在生物，那么它们有可能生活在地下。

火星小档案

要点在这里！

火星上氧气稀薄，环境恶劣，生物很难生存。

第389页问题答案　冰盖

小测验　火星上的重力相当于地球上的百分之多少?

地球上最早出现的生物是什么？

阅读日期（　　年　　月　　日）（　　年　　月　　日）（　　年　　月　　日）

生物的祖先是单细胞生物

地球诞生于距今约46亿年前。目前的观点认为，地球上最初的生命诞生于距今约40亿年前。

虽然人体是由数十万亿个细胞组成的，但最初的生物体却只有1个细胞。这种被称为“单细胞生物”的生物至今仍大量存在于我们周围。

生活在田里或池塘等处的草履虫就是其中的代表。此外，在我们体内的肠道中也生活着叫作“大肠杆菌”的单细胞生物。

原核生物与真核生物

然而，即便同样是单细胞生物，在生物分类中，草履虫属于“真核生物”，而大肠杆菌则属于“原核生物”。二者的区别在于，记录着遗传信息的DNA（→p.95）以什么样的形式存在于细胞当中。真核生物的DNA有“核膜”的保护，而原核生物的DNA则没有。

据说，最早出现的生物是原核生物。它们在距今约20亿年前进化出了真核生物，又进而从真核生物中进化出了具有多个细胞的“多细胞生物”。

随后，多细胞生物又进化成了植物、动物、菌类等。人类的祖先从与大猩猩共同的祖先中分离出来，是距今约600万年前的事情。

要点在这里！

地球上最早出现的生物，是一种只有一个细胞的『单细胞生物』。

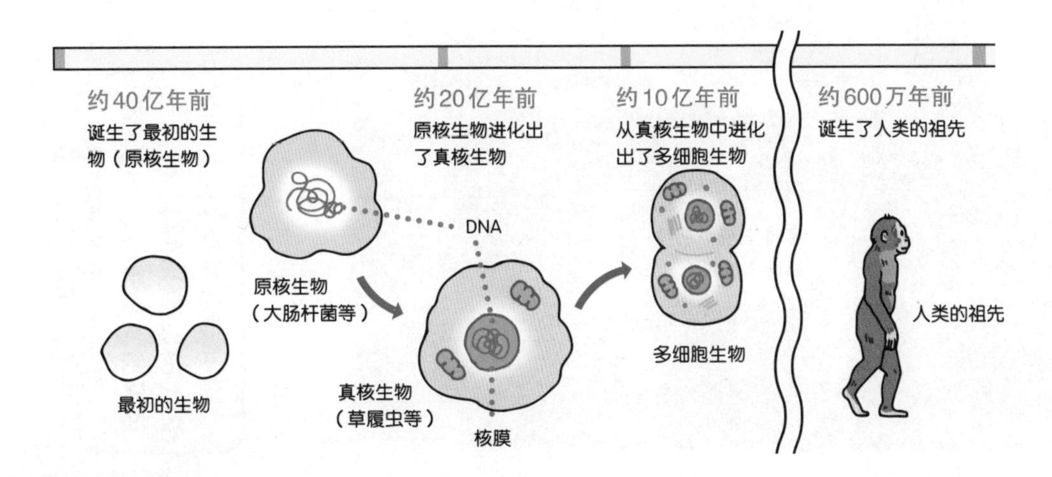

小测验 只有一个细胞的生物叫什么名字？

第390页问题答案 约40%

霜和霜柱（地冰花）有什么区别？

阅读日期（　　年　　月　　日）（　　年　　月　　日）（　　年　　月　　日）

水蒸气与“霜”

在寒冷季节的清晨，我们可以在外面看到“霜”和“霜柱（地冰花）”。这两种现象都是由于气温大幅下降，水分结冰而形成的。但是水分的来源却不一样。

在我们周围的空气中，含有一种叫作“水蒸气”的气态水分。在寒冷的夜晚，地表温度下降到零度以下，水蒸气结成了冰晶，附着在地面上和植物上，这就是霜。

地下水分与“霜柱（地冰花）”

而霜柱（地冰花）则是地下的水分来到地面上结冰，变成了像柱子一样的东西。一旦形成了霜柱（地冰花），地面就会整个向上隆起。

当气温达到0℃以下时，地面就会结冻。土壤中的水分结合在一起，水分经过土壤的缝隙逐渐接近地面。这样一来，来到地面上的水分接触到地面上的冷空气，会进而结冰，将之前形成于地表的冰向上挤压。不断重复这一过程，就形成了冰柱。

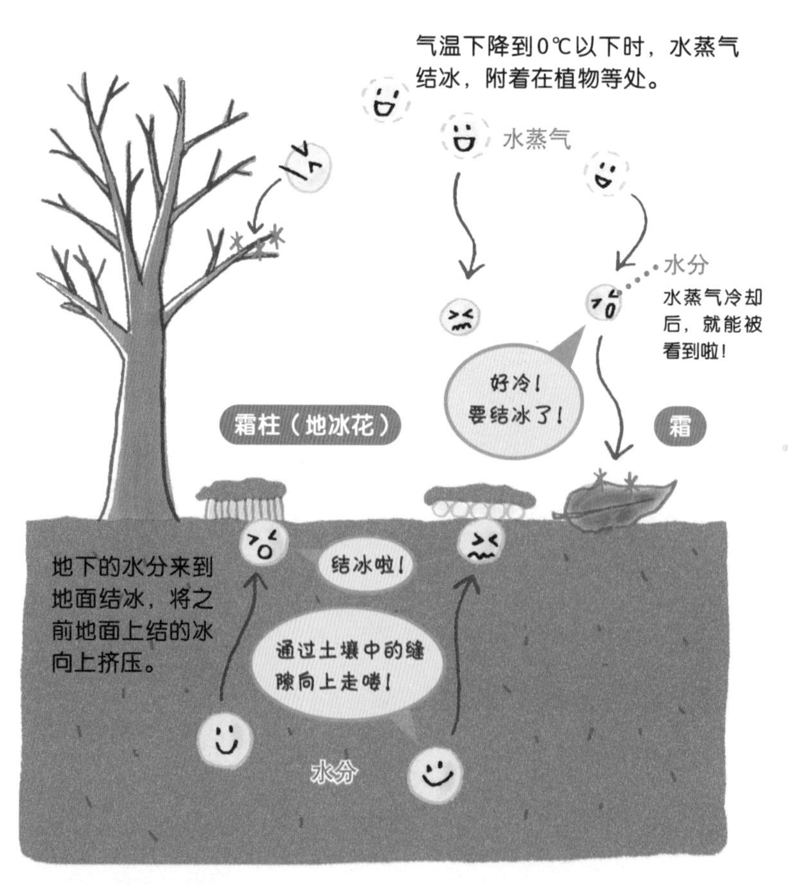

要点在这里！

霜是空气中的水蒸气结冰而形成的；霜柱（地冰花）是地下的水分结冰而形成的。

第391页问题答案 单细胞生物

小测验 霜柱（地冰花）是哪里的水结冰而形成的？

有一种生物，能把自己的身体分成两半！

阅读日期（　　年　　月　　日）（　　年　　月　　日）（　　年　　月　　日）

没有雌雄之分

在自然界中，有一种身体由单个细胞构成的“单细胞生物”。草履虫和阿米巴虫就是其中的代表。虽然只有一个细胞，但是它们却能够自己活动身体、捕获并吃掉食物，并且在消化后制造出粪便。

单细胞生物同样具有“繁衍后代”这一生物体所应具备的功能。但是，单细胞生物没有雌雄之分。因此，它们采取的是将自己的身体一分为二，通过细胞分裂的方式来繁衍后代。

举例来讲，在草履虫体内，有相当于嘴的“细胞口”、用于消化食物的“食物泡”等部位。当身体一分为二时，分开的两个部分都必须具备上述器官。因此，草履虫会花时间在体内一一增加上述器官的数量。待全部器官都变成两个后，草履虫会使身体的中间部位变细，进行分裂。

草履虫的分裂

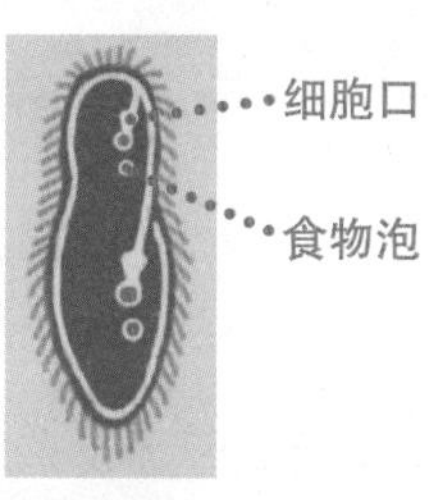

①在体内再制造出一套细胞口、食物泡等生存所必需的器官。

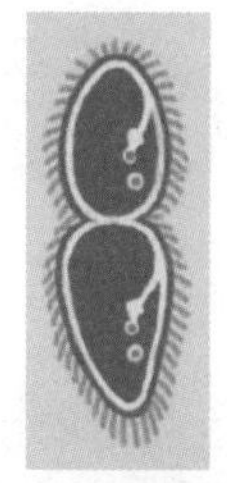

②生存所必需的器官全部复制完成后，身体的中间部位会变细。

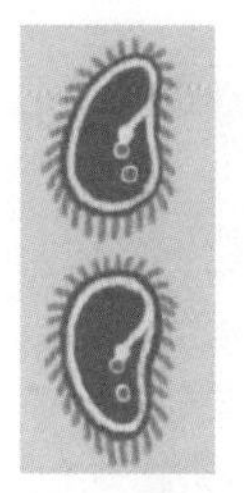

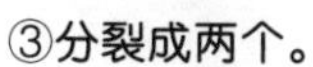

③分裂成两个。

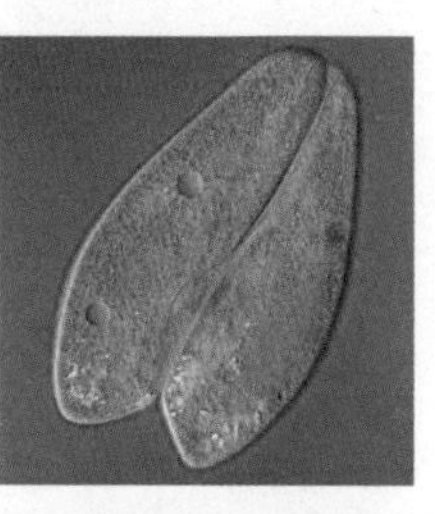

两只草履虫紧紧贴在一起，进行遗传基因交换时的样子。

为了生存

生物的种类不同，能够进行细胞分裂的次数也不一样，但目前已知的极限大约为700次。

此外，由于通过这种方式繁育出来的后代都具有相同的遗传基因（→p.95）、相同的特征，当环境发生重大改变时，它们有可能全军覆没，无一幸存。

因此，草履虫会时常与和自己具有不同遗传基因的个体进行遗传基因的交换。这样一来，从整体上讲，草履虫这个群体就具备了各种不同类型的遗传基因。

要点在这里！

单细胞生物通过将自己的身体一分为二的方式繁衍后代。

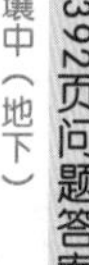
第392页问题答案
土壤中（地下）

小测验 草履虫采取什么样的方式繁衍后代？

如何测定棒球投手投出的球的速度？

阅读日期（　　年　　月　　日）（　　年　　月　　日）（　　年　　月　　日）

使用电波测量

我们看职业棒球比赛的直播时，电子屏上会显示投手投出的球的速度。那么，球速究竟是如何测量出来的呢？

球速是使用一种叫作“电波”的东西进行测量的。

首先，从一种专用的测速器中发出电波，使其接触球。电波每秒产生的波的数量被称为“振动数”（也叫作“频率”），接触球后返回的电波，其振动数会发生变化。使用测速器对产生了变化的振动数加以计算，就能测算出球速了。

利用多普勒效应

那么，电波的振动数是如何变化的呢？

举例来讲，假设被电波触碰到的球在空中静止了，那么最初发出的电波和返回的电波的振动数应该相同。但是，如果球朝着测速器的方向前进，那么电波接触到球再返回时的振动数就会大于最初的振动数。这种现象被称为“多普勒效应”。这与我们听到迎面驶来的救护车的警报声比离我们远去的救护车的警报声要大，是同样的道理（→p.246）。

迎面飞来的球速度越快，多普勒效应就越明显。也就是说，测速仪通过对电波振动数的变化幅度进行测算，就能够得出球速。

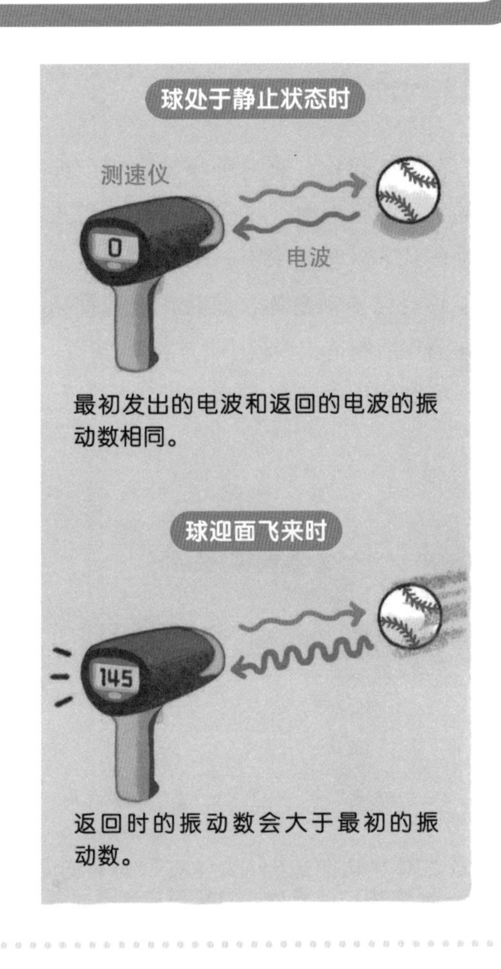

最初发出的电波和返回的电波的振动数相同。

返回时的振动数会大于最初的振动数。

要点在这里！

利用测速仪使电波与球接触，对返回的电波的振动数进行测算，就能得出球速。

细胞分裂
第393页问题答案

小测验 测量球速时，测速仪发出的波叫什么？

所谓的“活化石”，究竟是什么样的化石？

12月20日

阅读日期（　年　月　日）（　年　月　日）（　年　月　日）

生命 进化

腔棘鱼的化石

距今1.5亿年前的化石

约2亿年后

现在的腔棘鱼

与原来的形态几乎一模一样

要点在这里！

我们把至今仍以与很久以前的地层中发现的化石一样的形态生存着的生物叫作『活化石』。

以与过去同样的形态生存着

你见过“活化石”吗？它并不是像恐龙骨骼那样通常意义上的化石，而是至今仍以与很久以前的地层（→p.267）中发现的化石一样的形态生存着的生物。对“活化石”进行研究，能够了解到生物的进化过程，以及从古至今地球环境的变化。

举例来讲，有一种叫作“腔棘鱼”的鱼类，曾经出现在距今约3.8亿年前，人们曾经认为它早已经灭绝了。然而，1938年，人们在南非利用渔船的渔网捕到了腔棘鱼，它的形态与人们发现的化石上的形态几乎一模一样。有观点认为，腔棘鱼之所以能保持原来的形态一直生存下来，是它所生活的深海中没有出现过大的环境变化的缘故。

日本也有“活化石”

在日本也有“活化石”。比如，植物中的银杏就属于“活化石”。银杏的同类诞生于距今约3亿年前，曾经非常繁盛，但在数百万年前，其中的大部分灭绝了。目前只留下一个品种的银杏，因此，人们称其为“活化石”。

此外，在“活化石”中，有被列为“濒危物种”（→p.182）的生物。诞生于距今约2亿年前的鲎，由于其栖居的海岸被填埋，已经濒临灭绝。目前，人们正在采取行动，对鲎加以保护。

第394页问题答案　电波

小测验　1938年在南非发现的曾经被认为已经灭绝了的鱼叫什么名字？

地球上，有深夜依然太阳高悬的地方！

阅读日期（　年　月　日）（　年　月　日）（　年　月　日）

出现极昼的地方

一般情况下，太阳会在一天中升起和落下。然而，在南极和北极附近，每到夏季，就会发生太阳一整天都挂在天上不落下的现象，我们称之为“极昼”。

极昼发生时，即便在深夜时分，天空也不会变暗。但此时的太阳并不是像正午时分那样位于天空的正上方，而是处于类似黎明前的微亮状态。

北极附近的极昼现象，发生在一年中白昼时间最长的三个月，其中包括“夏至”。在以极昼而闻名的芬兰，每到夏至，全国各地都会举行各种庆祝活动，享受太阳不落山的日子。

产生极昼和极夜的原因

与极昼相反，在南极和北极附近，每到冬季，都会出现太阳全天都不升起的现象，我们称其为“极夜”。在极夜发生时，即便在白天，天空也一片黑暗。

地球始终被太阳光照耀，并以“地轴”为轴心旋转（→p.330）。因此，在自转一周的时间里，每个地方都有能被太阳光照射和不被太阳光照射的时候，这就是白天和黑夜。

由于地轴是微微倾斜的，所以在南极和北极附近，会出现一整天持续被太阳照射的极昼，以及一整天太阳完全照射不到的极夜。

北极发生极昼时

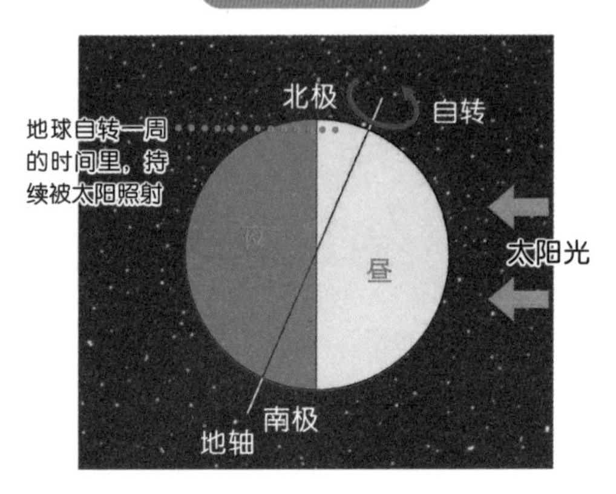

北极发生极夜时

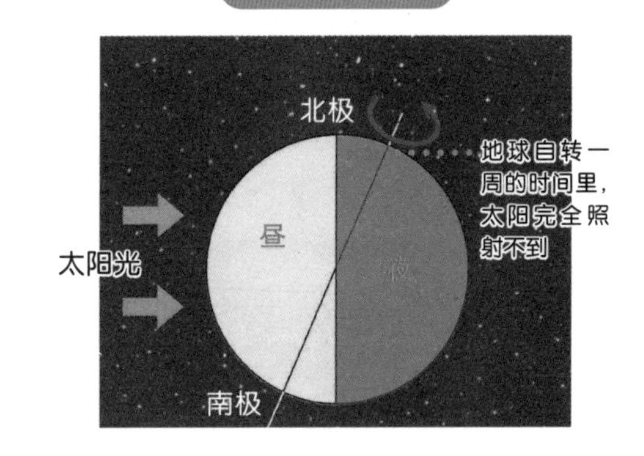

要点在这里！

在南极和北极附近，会出现太阳一整天都不落山的『极昼』现象。

腔棘鱼
第395页问题答案

小测验　与极昼相反，太阳一整天都不升起的现象叫什么？

为什么水面结冰时，池塘里的水不会全部结冰？

阅读日期（　　年　　月　　日）（　　年　　月　　日）（　　年　　月　　日）

水面结冰的过程

①温度从接触冷空气的水面开始下降。温度下降后的水开始下沉。

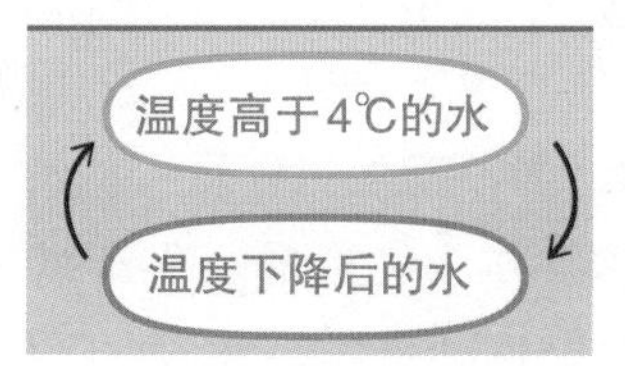

②温度高于4℃的水会向水面的方向移动。这些水冷却后会下沉。通过重复这一过程，使整体水温稳定在4℃左右。

③水面附近的水的温度低于4℃，密度小于深水区的水，因此不会下沉。并且，当温度下降到0℃时，这部分水会结冰。

结冰的只是接近水面的部分

到了寒冬时节，池塘和湖里就会结冰。在寒冷的地区，会结出厚度足以支撑人踩在上面的冰。有时候，人也会把冰凿开一个洞钓鱼。那么，下面的水为什么没被冻住呢？

因为在鱼类生活的池塘和湖的深处，即便在寒冷的冬季，也不会轻易结冰。随着气温降低而结冰的只是池塘和湖里接近水面的部分。

气温下降时，首先从接触冷空气的水面开始降低温度。水被冷却后，接近水面的水在同体积的条件下质量（密度）会变大。水具有当温度达到4℃时，在同体积的条件下质量最大的性质，因此，温度高于4℃的水会向水面的方向移动。然后，这些水冷却后会下沉。通过重复这样的过程，池塘和湖里的水整体温度会稳定在4℃左右。

位于水面附近的水进一步被冷却后，温度会降到4℃以下。而这部分水的密度要小于深水区4℃左右的水，因此，不会下沉。所以，当温度下降到0℃时，只有这部分水会结冰。下雪时尤其容易结冰。

有不结冰的湖

有一些地方存在寒冬时节也不会结冰的湖。想要让湖里的水面结冰，需要整体水温下降到4℃左右。但是，水量较多的湖，整体水温无法下降到这个程度，也就不会结冰。

要点在这里！

水在达到4℃时质量最大，池塘或湖里深处的水不会达到0℃，因此，只有水面附近达到0℃的水才会结冰。

小测验　温度达到多少时，水的密度最大？

第396页问题答案

极夜

星星是如何产生的？

阅读日期（　　年　　月　　日）（　　年　　月　　日）（　　年　　月　　日）

星星也有婴儿时期！

在宇宙空间里，飘浮着由气体和尘埃组成的云（星际分子云）。

星际分子云之间互相撞击，一旦在内部产生了浓度较高的气体，这部分气体就会在自身重力的作用下开始压缩。

气体压缩后，重力变大，开始将周围的物质吸引过去。此时，星际分子云就开始旋转。

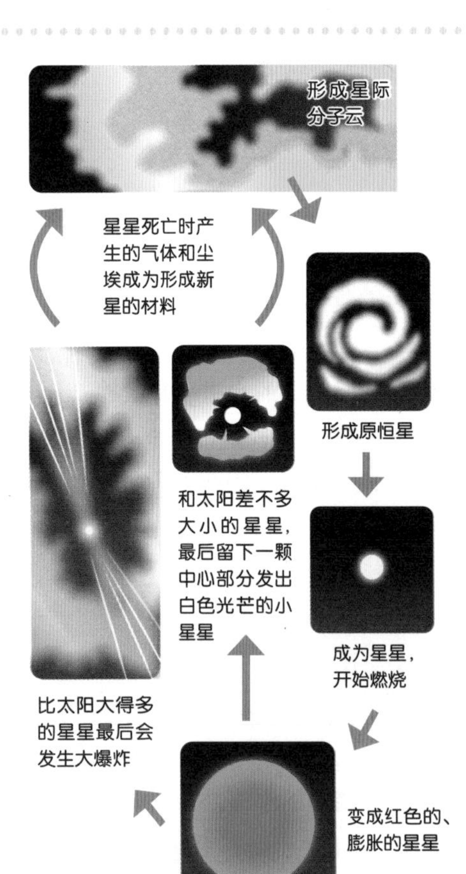

最终，星际分子云的中心部位在吸引物质的重力的能量作用下温度升高，开始发出红外线（→p.42）。这种物体被称为“原恒星”，也就是星星的婴儿时期。

待原恒星的温度进一步上升，中心温度超过1000万度时，就开始产生核聚变（→p.198），并发出光芒。这就是星星的诞生。

星星生命的终结

星星和人类一样，有生也有死。

在星星内部，作为燃料的氢逐渐减少，而作为灰烬的氦会逐渐累积起来。一旦氢的数量减少，星星就会开始膨胀。随着不断膨胀，星星表面的温度慢慢下降，表面会因此而变红，所以，“年长”的星星看起来都是红色的巨大的星星（→p.297）。

然而，星星最终会怎样，还要取决于其质量（重量）。

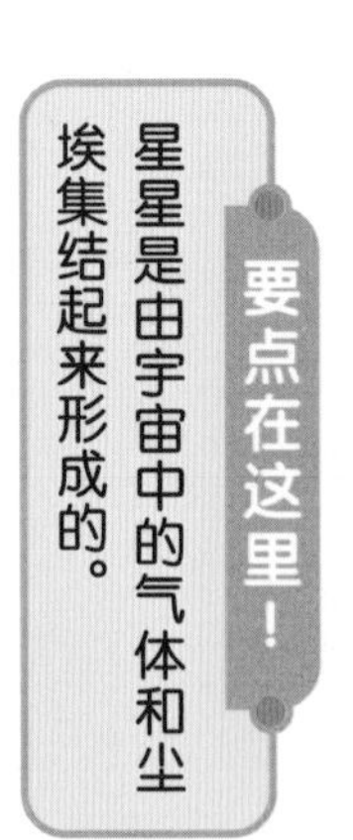

比太阳大得多的星星最后会发生大爆炸（→p.291）；和太阳差不多大小的星星，其所含有的气体会缓慢扩散到宇宙空间内，最后剩下一颗中心部分发出白色光芒的小星星。

星星死亡产生的气体和尘埃则会变成星际分子云，再次作为构成新星的材料。

第397页问题答案 4℃

小测验 刚刚诞生的婴儿时期的星星叫什么？

火烈鸟身体颜色的秘密

阅读日期（　年　月　日）（　年　月　日）（　年　月　日）

作为火烈鸟食物的蓝藻类中含有红色色素，因此，火烈鸟的身体呈现出粉红色。

在鸟妈妈喂给雏鸟的火烈鸟奶中同样含有红色色素。哺乳期间，鸟妈妈的身体会变成白色。

微生物具有的色素

我们平常在动物园里，可以看到原本居住在非洲和南美洲等地的火烈鸟——一种全身呈粉红色的漂亮鸟类。火烈鸟主要以群居的方式生活在盐水湖等地区。对于其他生物而言，那里生存环境恶劣，周围寸草不生，也几乎没有鱼类。但是，在这些地区生长着一种叫作“蓝藻类”的微生物。火烈鸟主要以它为食。火烈鸟身上的粉红色就来自于蓝藻类中含有的红色色素。在动物园里，饲养人员会在食物中掺入和蓝藻类同样的红色色素喂给火烈鸟吃，以保持其美丽的颜色。

火烈鸟颜色变深的时期

每到繁殖期，火烈鸟的颜色就会变深。这是因为在火烈鸟的群体中，颜色越漂亮，越能吸引到大量的异性。对于火烈鸟来说，让身体的颜色变深，是繁衍后代过程中很重要的一件事。雏鸟孵出后，鸟妈妈会从喉咙深处的嗉囊中分泌出富含大量营养成分的火烈鸟奶喂给雏鸟。此时的火烈鸟奶中也含有红色色素，因此，看起来是鲜红色的。持续喂奶的过程中，火烈鸟妈妈会逐渐变成白色，但从哺育期结束，到下一次繁殖期到来之前，它又会恢复成漂亮的粉红色。

火烈鸟的雏鸟呈灰白色，需要3～4年的时间才能长成鸟妈妈那样漂亮的粉红色。

要点在这里！

火烈鸟由于进食带有红色色素的蓝藻类微生物，身体呈现出粉红色。

第398页问题答案　原恒星

小测验　到了繁殖期，火烈鸟的颜色会变浅还是变深？

生活中有很多珍贵的金属！

阅读日期（　年　月　日）（　年　月　日）（　年　月　日）

珍贵的金属

在我们身边，有各种各样的金属。举例来讲，装咖啡的容器一般由铁或铝等金属制成。此外，制造硬币也用到了铜、锌等金属。这些金属都是从地下开采出来的。其中，铁、铝等能够大量开采，是生活中最常见的金属。

然而，还有一些很难开采或者尚不具备开采能力的，以及开采出的原矿需要耗费大量财力才能进行提纯的不常见的金属。我们将这样的金属统称为“稀有金属”。

充分循环利用

这些珍贵的稀有金属在我们的生活中发挥着极其重要的作用。比如在灯泡、荧光灯等的发光二极管（LED）中，就用到了铟和镓。此外，有一种叫作锂的稀有金属是制作智能手机和笔记本电脑的电池不可或缺的原材料。在游戏机和音乐播放器中也用到了稀有金属。

稀有金属的数量原本就很稀少，因此，如果将含有稀有金属的物品用坏后直接扔掉，是非常可惜的。考虑到未来，循环利用物品中的稀有金属变得十分重要。

生活中的贵重金属

要点在这里！

LED、智能手机、笔记本电脑等我们身边的物品中，都用到了珍贵的『稀有金属』。

变深 第399页问题答案

小测验 由于各种原因导致无法大量开采的贵重金属叫什么？

羽绒被为什么又轻又暖?

阅读日期(　　年　　月　　日)(　　年　　月　　日)(　　年　　月　　日)

封闭了大量的空气

寒冷的冬季，我们经常会穿上羽绒服或羽绒大衣。实际上，在羽绒被里面，充入的也是同样的“羽绒”。

我们所说的“羽绒”，指的是长在鸭、鹅这类水鸟胸部的绒毛。这些绒毛形态酷似蒲公英，非常轻软。

羽绒层中封闭了大量的空气，并且还具有很难向空气中传导热量的性质。因此，羽绒被能够保持温暖舒适的温度。

使空气变得温暖

羽绒被的羽绒中封闭的是利用人的体温温暖过的空气。

通常情况下，人的体温会高于周围的环境温度。因此，体温能够使人体四周的空气变得温暖。

如果不采取任何措施，被体温温暖的空气中的热量就会散失到周围的空气中。

但是，如果盖上羽绒被，被体温温暖的空气不会散发掉，人体也就会感觉温暖了。

盖羽绒被时，即使一开始觉得有点儿凉，也会逐渐变得暖和起来，这就是被子里的空气被体温温暖了的缘故。

羽绒被的原材料

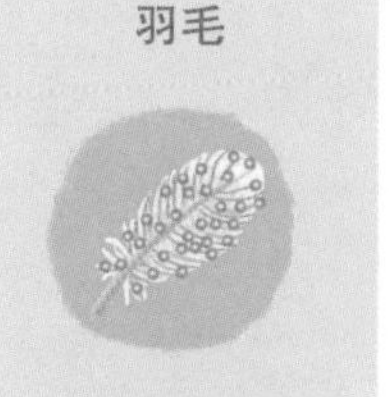

盖上羽绒被时

要点在这里！ 羽绒被中的空气不易传导体温，因此，羽绒被非常暖和。

第400页问题答案 稀有金属

小测验 鸭、鹅这类水鸟胸前的羽毛叫什么?

微波炉加热食物的工作原理是什么？

阅读日期（　年　月　日）（　年　月　日）（　年　月　日）

用肉眼看不到的波照射

使用微波炉，能对各种各样的食物进行加热。微波炉没有用到火，为什么能给食物加热呢？

在微波炉内部，有一个叫作“磁电管”的装置，可以发出一种电波——微波。

微波炉正是利用微波照射食物的方式对食物进行加热的。

利用水分子的运动产生热量

大多数食物中都含有水分。水分是由一种肉眼看不到的水分子构成的。

水分子被微波照射后，会发生剧烈运动。由于吸收了微波的能量，水温会上升。也就是说，微波炉是利用提高水温的方式对食物进行加热的。加热时，水分子的运动频率可以达到每秒24.5亿次。

但是，微波并不擅长让水之外的物质产生剧烈运动。因此，它很难对不含水分的食物进行加热。如果利用微波炉加热芋头、牛蒡等水分含量少的食物，会让它们变硬，甚至烤焦。

此外，如果将含有金属的餐具放入微波炉中加热，会产生火花，必须多加注意。

要点在这里！

微波炉通过微波照射使水分子剧烈运动的方式，提高水温，加热食物。

微波炉的工作原理

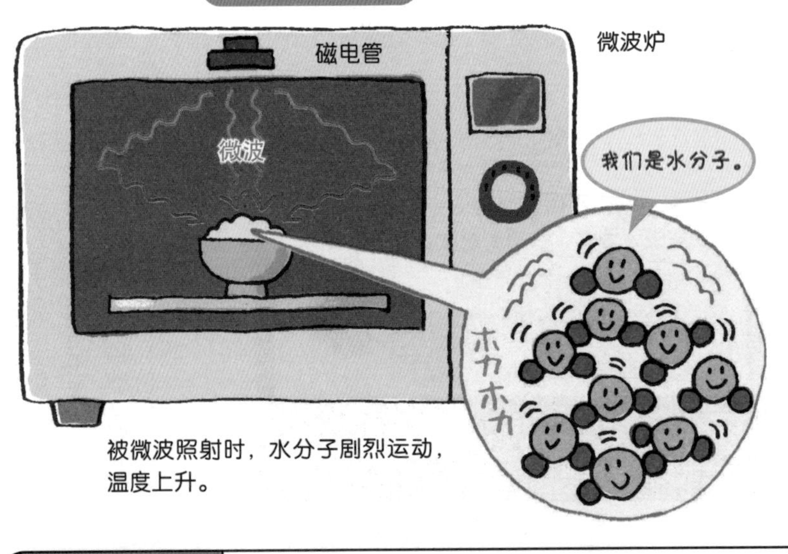

被微波照射时，水分子剧烈运动，温度上升。

第401页问题答案　羽绒

小测验　从“磁电管”中发出的电波叫什么？

三色猫都是雌性的吗？

阅读日期（　　年　　月　　日）（　　年　　月　　日）（　　年　　月　　日）

性染色体决定性别

三色猫是一种毛色为白色、黑色和浅褐色（橘色）三种颜色的猫。有一种流传甚广的说法，说三色猫全部是雌性。然而实际上，也有雄性的三色猫。只不过生出雄性三色猫的概率只有生出雌性的三万分之一左右。为什么绝大多数三色猫是雌性的呢？

诞生三色猫的例子

猫爸爸（浅褐色虎斑猫）

猫妈妈（三色猫）

XY　　XX

X染色体上有O基因　　2条X染色体上同时具有O基因和o基因

雄性的浅褐色虎斑猫和雌性三色猫结合，可能会生出雌性的三色猫宝宝。

		猫妈妈的性染色体（遗传基因）	
		X染色体（O基因）	X染色体（o基因）
猫爸爸的性染色体（遗传基因）	X染色体（O基因）	雌性（虎斑猫）XX（OO）	雌性（三色猫）XX（Oo）
	Y染色体（o基因）	雄性（虎斑猫）XY（O）	雄性（黑猫）XY（o）

＊性染色体中的O、o基因组合。

猫宝宝的性别是由其从父母处获得的“性染色体”决定的。性染色体分为两种：X染色体和Y染色体。如果从父母处获得了一条X染色体和一条Y染色体，则生出来的猫宝宝会是雄性；如果从父母处获得的是两条X染色体，则生出来的猫宝宝是雌性。对于这一点，人类也一样。

只存在于X染色体上的遗传基因

在性染色体上，含有决定猫宝宝毛色的遗传基因。决定毛色的遗传基因总共有9种。但是，能让猫宝宝拥有浅褐色皮毛的“O基因”和拥有黑色皮毛的“o基因”只存在于X染色体上。在Y染色体上没有这两种基因。因此，携带2条X染色体，能够形成“O基因”与“o基因”组合的雌性就成了三色猫。

但是，有一种极其罕见的情况，就是一只猫身上携带2条X染色体和1条Y染色体，也就是说，总共有3条染色体。

携带这种性染色体的猫宝宝，同时具有“O基因”和“o基因”，可能会出现雄性的三色猫。

要点在这里！

形成浅褐色皮毛的O基因与形成黑色皮毛的o基因只存在于X染色体中，因此，携带2条X染色体的雌性有可能是三色猫。

第402页问题答案　微波

小测验　猫宝宝的性别是由从父母处获得的什么决定的？

没有植物，人类无法生存！

阅读日期（　　年　　月　　日）（　　年　　月　　日）（　　年　　月　　日）

人类的食物来自于植物

植物利用太阳光，以水和二氧化碳为原料进行光合作用，制造自身生长所需的养分。

在这一生长过程中，植物枝繁叶茂，开花结果。树叶和果实是植物生产出来的，富含各种营养成分，成了以植物为食动物的营养来源。

食肉动物捕食以植物为食的动物，间接摄取植物中的营养。

动物死后，尸体被生活在土壤中的生物（土壤生物）和微生物分解。通过分解，土壤生物和微生物摄取了营养，制造出肥沃的土壤，对植物的生长产生巨大的影响。在自然界中，所有的生物都被纳入“吃”与“被吃”的关系之中。这种链锁关系叫作“食物链”。

在食物链中，植物是所有动物的营养来源。因此，如果没有植物，人类也无法生存。

生物金字塔

森林里的食物链，以及生物数量的关系如下图所示。

位于最下方的是植物，然后自下至上是食草动物和食肉动物。在食物链中，食肉动物通常属于次级或以上级别的消费者。

这样排列起来就会发现，越是位于食物链顶端的生物，数量越少，呈金字塔形分布。

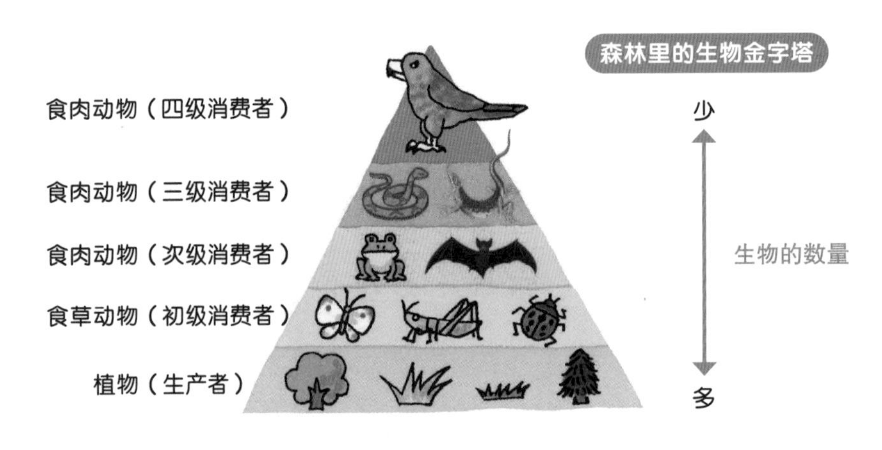

要点在这里！

植物是所有动物的营养来源，如果植物消失了，人类也无法继续生存下去。

第403页问题答案　性染色体

小测验 存在于所有生物之间的“吃”与“被吃”的关系叫什么？

为什么磁悬浮列车跑得比新干线还要快？

阅读日期（　年　月　日）（　年　月　日）（　年　月　日）

车体悬浮的原理

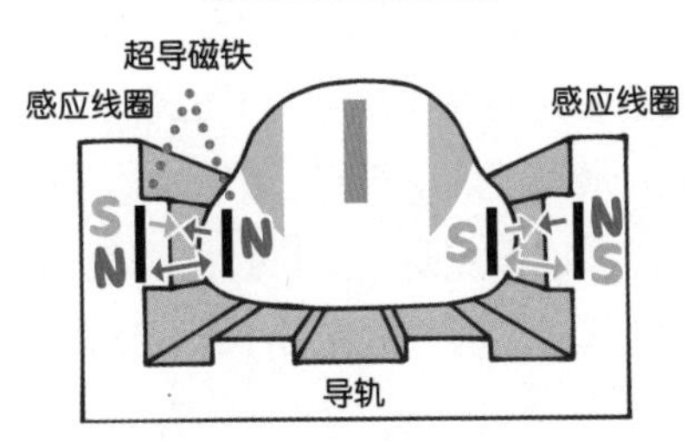

导轨通电后，感应线圈变成了磁铁，与安装在车体上的超导磁铁互相吸引和排斥实现悬浮。

车体前行的原理

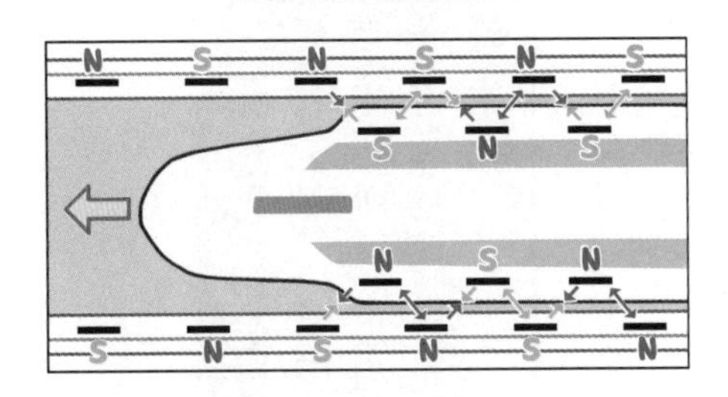

通过在车体上间隔安装超导磁铁的N极和S极，使感应线圈形成的磁铁的N极和S极互相吸引，相同的磁极互相排斥，借此前行。

利用磁体的力使车体悬浮起来

常见的新干线列车和电车都是利用电使发动机发生旋转，利用其产生的力使车轮转动起来的。在这种情况下，一旦速度过快，车轮就会出现空转，因此，车辆一般有最高时速的限制。

而磁悬浮列车是利用强力磁铁的力使车体悬浮起来行驶的，不仅车速极快，行驶过程中产生的声音和晃动也比新干线少得多。

那么，为什么磁铁能够让车体悬浮起来呢？

磁悬浮列车不是在普通的轨道上行驶，而是在一种安装了“感应线圈”的“导轨”上行驶。此外，在磁悬浮列车的车体上，还安装着一种“超导磁铁”。

由于线圈具有在通电时变成磁铁的性质，对导轨通电后，线圈会与车体上的磁铁互相吸引或排斥。这样一来，车体就会悬浮起来向前行驶。这种工作方式被称为“超导磁悬浮”。

新干线2倍以上的速度

如果现在乘坐新干线从东京出发去名古屋，最快也需要1.5个小时。

但是，如果乘坐即将开始运营的“磁悬浮中央新干线”，以其500多千米的时速，大约40分钟就可以从东京抵达名古屋。也就是说，其时速可以达到新干线的2倍以上。

要点在这里！

磁悬浮列车可以在强力磁铁的作用下使车体悬浮起来行驶，比新干线跑得更快。

第404页问题答案 食物链

小测验 安装在磁悬浮列车车体上的磁铁叫什么名字？

空气在发光！极光的秘密

阅读日期（　　年　　月　　日）（　　年　　月　　日）（　　年　　月　　日）

来自太阳的粒子流

出现在南极和北极上空的极光，闪耀着红色、绿色、粉色等各种颜色，是一种非常壮观的自然现象。

那么，极光究竟是如何产生的呢？

太阳经常会射出带电的粒子。这些粒子被称为“等离子体”，而等离子流则被称为“太阳风”。当太阳风与地球大气中所含的氧和氮的原子或分子相撞时，会发出光，这就是极光的由来。

之所以只能在极其有限的几个地区看到极光，是因为地球是一个以北极为S极，以南极为N极的巨大磁体（→p.237）。

在S极和N极之间，存在磁体的力发挥作用的空间，我们称之为“磁场”。带电粒子沿着磁场运动，从地球内部出发，流向南极和北极。

能看到极光的地方

观赏极光的最佳地点并不是地球最北端的北极点和最南端的南极点。实际上，最佳地点在北极点和南极点附近。我们将这个形状类似甜甜圈的区域称为“极光带（Aurora Belt）”。

极光有时只出现一天，也有时会连续出现好几天。然而实际上，我们肉眼看不到的微弱极光是一直存在的。

要点在这里！

被称为太阳风的带电粒子流与大气中所含的氧和氮的原子或分子相撞时发光的现象就是极光。

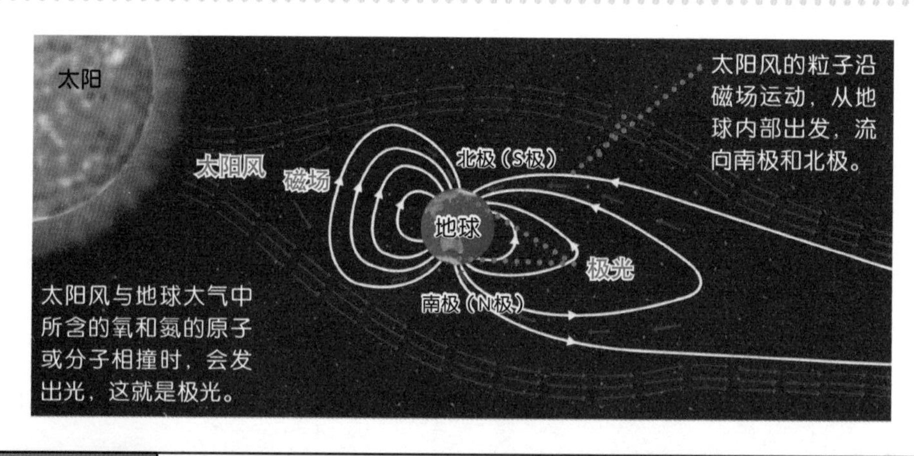

超导磁铁

第405页问题答案

小测验　形状类似甜甜圈的、观赏极光的最佳区域叫什么名字？

分类索引

物质的作用

物体的性质

第406页问题答案 极光带

水

金 属

物体的构造

变 化

生 命

动 物

鸟 类

遗传基因

进 化

地 球

大 地

海 洋

气 象

时 间

太 阳

月 球

太阳系

宇 宙

绿色印刷　保护环境　爱护健康

亲爱的读者朋友：

本书已入选"北京市绿色印刷工程——优秀出版物绿色印刷示范项目"。它采用绿色印刷标准印制，在封底印有"绿色印刷产品"标志。

按照国家环境标准（HJ2503-2011）《环境标志产品技术要求 印刷 第一部分：平版印刷》，本书选用环保型纸张、油墨、胶水等原辅材料，生产过程注重节能减排，印刷产品符合人体健康要求。

选择绿色印刷图书，畅享环保健康阅读！

北京市绿色印刷工程

- 执笔协助：酒井薰/长泽亚记/野口和惠/沟吕木大祐/村泽让/室桥裕和/森村宗冬/山内进/山村基毅/衡山雅司
- 插画：岩本孝彦/佐藤真理子/住本七海/津田束/宫崎摇
- 照片提供：尾园晓/株式会社东京Science/环境省小笠原自然保护官事务所/"水蓝色福岛" 环境水族馆/树叶化石园/Star Focus/东京学艺大学教育学部生物学教室 真山茂树（教授）/日本文理大学微流体技术研究所/平塚市博物馆/@micro_photo-Fptolia/musekisshilikus/NASA/Bill Ingalls/NASA/JPL/NASA/JPL/USGS/NASA/SDO/PIXTA
- 装订及正文设计：株式会社Craps
- DTP：Nishi工艺株式会社
- 校对协助：株式会社Press
- 编辑协助：科学学习研究会

图书在版编目（CIP）数据

每天3分钟学会数理化 /（日）小森荣治主编；肖潇译. -- 北京：北京联合出版公司，2020.10（2022.3重印）

ISBN 978-7-5596-4157-1

Ⅰ.①每… Ⅱ.①小… ②肖… Ⅲ.①自然科学－青少年读物 Ⅳ.①N49

中国版本图书馆CIP数据核字（2020）第059772号

北京市版权局著作权合同登记 图字：01-2020-1844

每天3分钟学会数理化

主　　编：[日] 小森荣治　　译　　者：肖　潇　　出 品 人：赵红仕
出版监制：刘　凯　马春华　　选题策划：联合低音　　责任编辑：李秀芬
封面设计：王柿原　　内文排版：刘永坤

关注联合低音

北京联合出版公司出版（北京市西城区德外大街83号楼9层　100088）
北京联合天畅文化传播公司发行　北京华联印刷有限公司印刷　新华书店经销
字数250千字　787毫米×1092毫米　1/16　26.75印张　2020年10月第1版　2022年3月第4次印刷
ISBN 978-7-5596-4157-1　定价：160.00元